THE BIRD FEEDER BOOK
By Donald and Lillian Stokes
GORDON MORRISON

MANGEOIRES D'OISEAUX

COMMENT ATTIRER, IDENTIFIER ET NOURRIR LES OISEAUX AUX MANGEOIRES

Donald et Lillian Stokes

Illustrations de Gordon Morrison
Cartes de distribution territoriale par Leslie Cowperthwaite

ÉDITIONS BROQUET INC
418, chemin des Frênes, L'Acadie, Qc, J2Y 1J1
Tél. : (514) 357-9626 Fax : (514) 357-9625

Données de catalogage avant publication (Canada)

Stokes, Donald W.

Mangeoires d'oiseaux : Comment attirer, identifier et nourir les oiseaux aux mangeoires.

Traduction de Bird feeder book.
Comprend des réf. bibliogr. et un index.

ISBN 2-89000-391-4

1. Oiseaux, Attraction des. 2. Mangeoires d'oiseaux - Conception et construction. I. Stokes, Lillian Q. II. Titre.

QL676.5.S7614 1995 598!.07234 C95-940537-2

Crédits photographiques
Animals/Animals : A. Reinhold – 13; R. Richardson – 19.
Aspects : 7
The Brown Company : 3 (en haut à gauche)
Cornell Laboratory of Ornithology: R. et D. Aitkenhead – 52 (à droite); W.C. Bloomer – 78; L.B. Chapman – 35; L. Elliot – 61 (à droite); J.R. Harris – 55 (au bas) M. Hopiak – 23, 25, 32, 42, 45 (en haut), 50, 51, 55 (en haut), 57, 59 (en bas), 62, 63 (à droite), 69, 72 (en haut); H. Mayfield – 77; J. Sanford – 11; J. Smith – 75; D.P.H. Watson – 74; J. Weissinger – 70, 71; T. Wilcox – 39 (gauche/droite), 81; J.R. Woodward – 27, 30 (à gauche), 31, 33, 40, 41, 43, 45 (au bas), 56, 63 (à gauche), 67, 72 (en bas), 73 (en haut), 79, 83.
Droll Yankees Inc. : vi, 3 (à gauche/à droite dans première colonne)
Hyde Bird Feeder Company : 3 (en haut à droite)
Photo Researchers, Inc. : J. Bova – 59 (en haut); K. et D. Dannen – 37; R. Kline – 30 (à droite); C. Larsen – 21; L.L. Rue III – 73 (en bas)
D. et L. Stokes : 5, 7, 9, 16
VIREO : A. Cruickshank – 48, 61 (à gauche); 65, 68; C.H. Greenwalt – 44, 52 (à gauche), 53 (haut et bas); O.S. Pettingill, Jr – 47; F.K. Schleicher – 15; J. Stasz – 82; R. Villani – 49
Illustration de la page i – Copyright © 1987 par Gordon Morrison

Titre original : The Bird Feeder Book
ISBN 0-316-81733-3

Dépôt légal - Bibliothèque nationale du Québec

ISBN 2-89000-391-4

TABLE DES MATIÈRES

POUR ATTIRER LES OISEAUX

Attirer les oiseaux aux mangeoires est accessible à tous et remarquablement facile à condition de suivre certaines règles de base. Les oiseaux ont besoin de nourriture, d'eau, d'un abri contre les prédateurs et d'un endroit pour élever leurs petits. Si vous leur offrez la nourriture qu'ils aiment et des végétaux qui créent un environnement attrayant, ils viendront certainement vous visiter.

Au fil des ans, nous avons attiré avec succès dans notre jardin plus d'une centaine d'espèces d'oiseaux et répertorié plus de quarante nids d'espèces différentes. Vous trouverez dans les pages qui suivent des conseils sur les moyens les plus efficaces et les plus simples de répondre aux besoins des oiseaux.

LES QUATRE TYPES DE MANGEOIRES

Pour qu'un poste d'alimentation soit vraiment populaire il faut offrir une nourriture variée et placer chacun des aliments au bon endroit. Des années de recherche et d'expérience nous ont appris que pour attirer le plus d'oiseaux possible tout au cours de l'année, un bon régime d'alimentation doit inclure au moins quatre éléments :

1. Une mangeoire suspendue pour les graines de tournesol;
2. Une mangeoire au sol ou un plateau pour le maïs concassé et les graines mélangées;
3. Une mangeoire pour le suif;
4. De l'eau.

Vous trouverez ci-après, la description détaillée de chaque type de mangeoire ainsi que des conseils sur la façon de les rendre plus attrayantes pour les oiseaux.

Mangeoire tubulaire remplie de graines de tournesol; un Cardinal rouge mâle, une Mésange à tête noire, des Chardonnerets jaunes et un Roselin pourpré en pleine dégustation.

MANGEOIRES POUR LES GRAINES DE TOURNESOL

Description. Mangeoire suspendue ou montée sur un poteau, contenant seulement des graines de tournesol, l'aliment préféré de la plupart des oiseaux chanteurs.

Oiseaux attirés par ces mangeoires. Cardinal rouge, Chardonneret jaune, Étourneau sansonnet, Geai à gorge blanche, Geai bleu, Gros-bec errant, Mésange à tête noire, Mésange bicolore, Mésange de Caroline, Moineau domestique, Pic à tête rouge, Pic à ventre roux, Pic chevelu, Pic flamboyant, Pic mineur, Roselin familier, Roselin pourpré, Sittelle à poitrine blanche, Sittelle à poitrine rousse et Tarin des pins.

Installation. Si vous en êtes à votre premier essai, placez la mangeoire loin de la maison, à un endroit visible, près d'arbres ou d'arbustes fréquentés par les oiseaux. Les oiseaux se sentent plus en sécurité et hésitent moins à s'approcher quand il y a de la végétation tout près. Quand ils se seront habitués à la mangeoire, vous pourrez la rapprocher graduellement de la maison. Placez-la près de vos fenêtres préférées. Vous voulez sûrement ne rien manquer de leur comportement et serez étonné de toute l'activité qu'ils peuvent déployer.

Vous pouvez fixer la mangeoire à un arbre, la poser sur un poteau ou la suspendre à un fil tendu entre deux supports. Vous *devez* utiliser des dispositifs antiprédateurs pour éloigner les écureuils. Voir en page 12, «L'écureuil, ce mignon pique-assiette».

La rapidité avec laquelle les oiseaux découvriront et fréquenteront votre mangeoire dépend de plusieurs facteurs : le lieu de votre résidence, la quantité d'oiseaux vivant dans la région et leur habitude des mangeoires. Soyez patient et ils ne tarderont pas à venir.

Types de graines de tournesol. Il existe trois sortes de graines de tournesol, classées selon leur taille et la forme de leur coque : la graine à rayures grises est la plus grosse; la graine à rayures noires est de taille moyenne; la plus petite a une coque toute noire. Les trois variétés sont très populaires auprès des oiseaux, mais une étude récente du docteur Aelred Geis du U.S. Fish and Wildlife Service a démontré que la graine à coque noire était la préférée de la plupart des oiseaux granivores. L'écale est plus mince et plus facile à enlever pour les petits oiseaux. De plus, elle contient un pourcentage d'huile supérieur par rapport à son poids.

On peut aussi se procurer des graines décortiquées. Elles coûtent un peu plus cher, mais sont très invitantes pour plusieurs espèces, dont les pics. L'étude du docteur Geis a révélé qu'il s'agissait du choix préféré du Chardonneret jaune, surpassant même la graine de chardon. Le fait qu'il n'y ait pas d'écales vides à ramasser sous la mangeoire représente un avantage de plus.

CHOISIR UNE MANGEOIRE POUR LES GRAINES DE TOURNESOL

Les magasins qui vendent des mangeoires d'oiseaux vous offrent un choix étonnant et il est essentiel de savoir choisir les meilleures. Nous vous conseillons d'investir dans une mangeoire bien construite qui durera longtemps et vous permettra de profiter de plusieurs années de plaisir.

- Voici quelques facteurs à considérer au moment de l'achat :
- Elle doit être facile à remplir.
- Elle doit contenir beaucoup de graines, pour ne pas avoir à la remplir trop souvent.
- Elle doit être facile à démonter et à nettoyer.
- Les parties transparentes doivent être en plastique et non en verre (de préférence un plastique de marque Lexan, qui est incassable et ne peut être mâchouillé par les écureuils).

- Elle doit protéger les graines de la pluie et de la neige.
- S'il s'agit d'une mangeoire tubulaire, elle doit être munie de perchoirs en métal et d'ouvertures renforcées pour que les écureuils ne puissent les mâchouiller.
- Elle doit être, dans la mesure du possible, garantie par le fabricant.

Types de mangeoires

Vous trouverez ci-dessous quelques modèles de mangeoires d'oiseaux ainsi que des suggestions fondées sur notre expérience personnelle.

Mangeoire avec toit (ci-dessus à gauche). Avantages : contient beaucoup de graines; protège les graines des intempéries; les graines sont très visibles; les oiseaux peuvent s'y accrocher ou s'y percher; accueille plusieurs oiseaux à la fois; facile à remplir et à nettoyer; munie d'un dispositif anti-écureuils. Modèle illustré : Big Top, de Droll Yankees Inc.

Mangeoire tubulaire (ci-dessus à droite). Avantages : facile à remplir; est munie de perchoirs métalliques renforcés et d'ouvertures à l'épreuve des écureuils; les graines sont très visibles; les grands formats contiennent beaucoup de graines; possibilité d'ajouter un plateau au-dessous pour recevoir les graines éparpillées et/ou un dispositif en forme de dôme pour éloigner les écureuils. Modèles illustrés : A-6 (à gauche) et B-7 (à droite), de Droll Yankees Inc.

Mangeoire Audubon (en haut à gauche). Avantages : modèle suspendu contenant plus de graines que la plupart des mangeoires, (4,5 kg; facile à remplir et à nettoyer; les graines sont très visibles; distribue à tous les perchoirs jusqu'à épuisement des graines. Offerte en modèle suspendu ou montée sur un poteau avec un dispositif anti-écureuils. Cette mangeoire est fabriquée par la compagnie Brown.

Mangeoire à débit contrôlé (en haut à droite). Avantages : possède une allure rustique; les grands formats contiennent beaucoup de graines; permet à plusieurs oiseaux de se percher en même temps. Assurez-vous que le modèle choisi sera facile à remplir et utilisez-le avec un dispositif anti-écureuils. Modèle illustré : mangeoire de luxe de la compagnie Hyde.

Mangeoire de fenêtre (ci-dessus). Avantages : attire les oiseaux plus près de votre fenêtre. Modèle illustré fabriqué par Aspects.

Au chapitre «Ressources» à la page 84, vous trouverez une liste d'autres fournisseurs de mangeoires et de graines.

MANGEOIRES AU SOL POUR LE MAÏS CONCASSÉ ET LES GRAINES MÉLANGÉES

Description. Maïs concassé et graines mélangées répandus directement sur le sol ou sur une mangeoire de type plateau.

Oiseaux attirés par les mangeoires au sol. Bruant à couronne blanche, Bruant à gorge blanche, Bruant chanteur, Bruant fauve, Bruant hudsonien, Cardinal rouge, Carouge à épaulettes, Colin de Virginie, Corneille d'Amérique, Étourneau sansonnet, Faisan de Colchide, Geai à gorge blanche, Geai bleu, Junco ardoisé, Mésange à tête noire, Mésange bicolore, Moineau domestique, Pigeon biset, Quiscale bronzé, Tohi à flancs roux, Tourterelle triste et Vacher à tête brune.

Aménagement. Pour accommoder le plus d'oiseaux possible, éparpillez les graines directement sur le sol ou placez-les sur un plateau d'alimentation surélevé. Une mangeoire à débit contrôlé suspendue ou montée sur un poteau et remplie de maïs concassé et d'un mélange de graines attirera aussi quelques-uns de ces oiseaux, mais l'espace limité réservé à la nourriture en réduira le nombre.

Parsemez les graines sur une assez grande surface (notre mangeoire au sol fait 2,5 m de circonférence) pour que des volées entières puissent se nourrir en même temps. Aménagez votre mangeoire près d'un couvert végétal (bosquet d'arbustes ou conifères) pour que les oiseaux puisse se cacher si un prédateur tel une buse fait irruption. Les oiseaux d'une même volée ont souvent une hiérarchie et la proximité d'arbustes permet aux oiseaux moins dominants de s'y installer en attendant que les premiers aient fini de manger.

Types de graines à utiliser. Optez principalement pour le maïs concassé. Il ne coûte pas cher et est apprécié de plusieurs oiseaux qui se nourrissent au sol. Le maïs est parfois offert dans une variété finement concassée que nous vous suggérons de choisir, car c'est la préférée des oiseaux.

Nous utilisons aussi des mélanges de graines qui permettent d'attirer un large éventail d'oiseaux. Ainsi, les Tourterelles tristes et plusieurs espèces de bruants sont friands de millet blanc, une graine qu'on retrouve dans la plupart des mélanges.

Il existe plusieurs sortes de mélanges commerciaux. Ces mélanges contiennent des graines de tournesol, du millet blanc, du millet rouge, du maïs concassé, des arachides, du carthame, de l'alpiste, du sorgho, du blé, du sarrasin, de l'avoine et du riz. Essayez différents mélanges et voyez lesquels sont appréciés par les oiseaux de votre région.

Gardez vos mangeoires propres, y compris celles au sol. Si les graines sont toujours là au bout de quelques jours, enlevez-les. Ne distribuez que la quantité que les oiseaux consomment rapidement. Ne laissez pas les graines traîner, se gâter ou moisir.

Avantages. L'installation d'une mangeoire au sol vous permettra d'attirer d'autres espèces et un plus grand nombre d'oiseaux. Plusieurs oiseaux, particulièrement les bruants, les cardinals, les juncos, et les tohis préfèrent s'alimenter sur le sol ou à proximité. De plus, d'autres visiteurs des mangeoires suspendues vont parfois manger au sol.

De plus, la mangeoire au sol offre un grand amphithéâtre où vous pouvez observer d'intéressantes particularités du comportement des oiseaux, ce dont vous ne pouvez profiter avec l'espace restreint des mangeoires suspendues. Notre mangeoire au sol est régulièrement fréquentée par des volées de quelque trente juncos ou Bruants hudsoniens qui se pourchassent et paradent pour faire valoir leur ordre de préséance. Au début du printemps, les Tourterelles tristes mâles courtisent les femelles en roucoulant et sautillant vers elles. C'est l'endroit que préfère notre Cardinal rouge mâle pour accomplir son rituel d'accouplement, au cours duquel il prend un morceau de maïs concassé, sautille vers la femelle, et le lui met délicatement dans le bec.

Les écureuils et d'autres oiseaux plus gros viendront aussi à cette mangeoire, mais nous n'y voyons aucun inconvénient, car pendant qu'ils se gavent de maïs concassé peu coûteux, ils oublient les graines de tournesol des mangeoires suspendues.

Exemples de mangeoires au sol

CONSEILS PRATIQUES CONCERNANT LES MANGEOIRES

- Achetez des graines en grande quantité, c'est beaucoup plus économique.
- Conservez les graines dans des contenants propres, secs et couverts comme des poubelles en métal. Si vous les gardez à l'extérieur, bloquez les couvercles afin d'empêcher les ratons laveurs d'avoir accès aux graines.
- Servez-vous d'un pichet en plastique de 2 litres pour puiser les graines et les placer dans votre mangeoire.
- Nettoyez régulièrement les mangeoires en les frottant à fond avec de l'eau chaude et du détergent. Jetez toute nourriture vieille ou moisie se trouvant dans les mangeoires, y compris les mangeoires au sol, afin d'éviter que des oiseaux soient intoxiqués.

MANGEOIRES POUR LE SUIF

Description. Morceau de suif dans un contenant fait de grillage métallique ou de tulle en nylon, suspendu ou fixé à un tronc d'arbre.

Oiseaux attirés par le suif. Étourneau sansonnet, Mésange à tête noire, Mésange bicolore, Mésange de Caroline, Moqueur polyglotte, Pic à tête rouge, Pic à ventre roux, Pic chevelu, Pic mineur, Sittelle à poitrine blanche, Sittelle à poitrine rousse.

Aménager une mangeoire de suif. Aliment hautement énergétique pour les oiseaux, le suif constitue la nourriture préférée des pics. Pour fabriquer une mangeoire de suif, vous n'avez qu'à acheter du suif, le placer dans un contenant facilement accessible aux oiseaux et le suspendre à un arbre, à l'avant-toit de la maison ou à une autre mangeoire, ou encore le fixer à un tronc d'arbre.

Types de suif. Le suif de bœuf est cette graisse solide qu'on trouve près des reins et des lombes du bœuf. Vous pouvez l'acheter au supermarché. Pendant les mois d'hiver, utilisez-le tel quel mais par temps chaud, le suif fond et il est préférable de vous procurer des blocs de suif préparés commercialement.

Toutefois, vous pouvez préparer vos propres gâteaux de suif. Coupez le suif en petits morceaux ou passez-le au hache-viande, faites-le fondre dans une casserole avec un peu d'eau, et laissez-le refroidir dans des moules à muffins. Créez vos propres recettes en y ajoutant des graines mélangées, des noix hachées ou d'autres ingrédients.

Une gâterie maison : voici une recette qui plaira aux espèces d'oiseaux qui aiment le suif. Ce mélange, bon en toutes saisons, fait le délice de nos mésanges.

Dans un mélangeur ou un robot culinaire, mélangez 1 partie de beurre d'arachide, pour 1 partie de graisse ou de saindou, 3 parties de semoule de maïs jaune, 1 partie de farine blanche ou de farine de blé entier et 1 partie de maïs concassé. Si le mélange est trop collant, ajoutez plus de semoule de maïs ou de farine pour le rendre plus maniable. Réfrigérez les portions en trop dans un sac en plastique.

D'AUTRES FAÇONS D'ATTIRER LES OISEAUX

Au fur et à mesure que vous vous habituerez à nourrir les oiseaux, vous voudrez ajouter d'autres éléments tels que des fruits, des pâtisseries, des noix hachées ou installer d'autres mangeoires. Les orioles et les tangaras sont attirés par les moitiés d'oranges que vous pouvez placer sur un plateau ou clouer à un arbre. Certains amateurs installent des mangeoires à chardon pour attirer les roselins. Le chardon est une petite graine noire originaire d'Éthiopie et d'Asie qui n'a rien de commun avec notre chardon domestique. C'est une graine très coûteuse mais les roselins en raffolent. Si vous servez des graines de tournesol écalées, vous devriez avoir déjà attirer des roselins. Sinon, vous pourriez être tenté d'offrir du chardon. Vous devrez alors acheter un type spécial de mangeoire avec des ouvertures minuscules, car il s'agit d'une très petite graine.

Exemples de contenants pour le suif

Ce mélange peut-être présenté dans une petite bûche de bois percée de trous et suspendue à un arbre ou dans un petit plateau. Il peut aussi être étalé sur un tronc d'arbre. En hiver, nous le mettons dans des cônes de pins; nous les roulons dans des graines mélangées et les suspendons à notre sapin. Les juncos et les moqueurs raffolent de ces cônes.

Types de contenants de suif. Vous avez le choix entre plusieurs types de contenants.

Cage métallique : boîte faite de grillage métallique enduit de plastique dans lequel vous placez le suif. Elle dure longtemps, est attrayante et facile à remplir avec toutes sortes de formes de morceaux de suif. *Sac-filet :* ce sont les sacs-filet en plastique dans lesquels les oignons sont souvent vendus. Ils ne coûtent rien et peuvent être facilement remplacés.

Bûche de suif : c'est un petit rondin d'environ 6 cm de diamètre et 45 cm de longueur muni d'un crochet à une extrémité et foré de plusieurs trous de 2,5 cm. Le suif peut y être cloué ou encore pressé dans les trous. Cette mangeoire recrée l'environnement naturel des oiseaux qui sont habitués de se nourrir aux troncs d'arbres.

L'EAU

Description. Tout contenant peu profond contenant de l'eau et placé au-dessus du sol ou par terre.

Oiseaux attirés par l'eau. Tous les oiseaux ont besoin d'eau pour s'abreuver et se baigner. Tous les oiseaux qui fréquentent habituellement votre mangeoire viendront s'y désaltérer et vous devriez aussi attirer d'autres espèces telles grives, merles, orioles, parulines et viréos.

Aménagement d'un bassin. L'aménagement d'un bassin pour oiseaux peut être simple ou complexe. Un couvercle de poubelle d'aluminium à l'envers peut constituer un des bassins les plus simples. Nous y déposons plusieurs pierres plates pour que les oiseaux puissent se mouiller graduellement. Certains amateurs construisent eux-mêmes leur bassin avec du béton ou encore une série de petits bassins où l'eau peut circuler de l'un à l'autre. Plusieurs modèles sont vendus en magasin. Lors de votre achat, souvenez-vous que le bassin doit présenter une inclinaison graduelle, ne pas être glissant et avoir moins de 7,5 cm de profondeur, car les petits oiseaux chanteurs n'aiment pas l'eau plus profonde. Les bassins de céramique sont jolis mais peuvent fendre en hiver lorsque l'eau gèle.

L'eau peut être placée en divers endroits mais il est toujours préférable de l'installer à proximité des mangeoires pour que les oiseaux la voient au cours de leurs déplacements. Des perchoirs près de l'eau rendra le lieu plus invitant. Sur un balcon du deuxième étage, nous avons un bassin et une grosse branche qui s'étend tout près. Les chardonnerets raffolent de ce bassin et, se mettent en rang sur la branche, en attendant leur tour.

Beaucoup d'oiseaux sont attirés par le clapotis de l'eau. Donnez vie à votre bassin en simulant une petite fontaine. Au-dessus du bassin, suspendez un baquet dont le fond est percé d'un petit trou et laissez l'eau s'égoutter ou encore procurez-vous une fontaine de «brouillard» commerciale ou des boyaux conçus spécialement pour les bassins d'oiseaux ou les piscines de jardin.

Les oiseaux ont besoin d'eau toute l'année. L'hiver peut même être une période de sécheresse pour eux. Beaucoup d'oiseaux mangent de la neige, mais vous pouvez dégeler l'eau de votre bassin en y ajoutant de l'eau chaude; toutefois, cela représente

QUAND NOURRIR LES OISEAUX

Le meilleur moment pour commencer à nourrir les oiseaux est au début de l'automne quand les oiseaux sont en quête de nourriture et qu'ils restent là où ils la trouvent. Les groupes de mésanges et de juncos se forment à l'automne et ils adoptent un secteur précis qui leur assurera de bons postes d'alimentation.

Une fois que vous aurez entrepris un programme d'alimentation, ne l'arrêtez pas brusquement en hiver. Si vous partez en voyage, diminuez graduellement la quantité de nourriture afin que les oiseaux aient le temps de trouver d'autres sources. Mieux encore, demandez à un ami ou à un voisin de remplir les mangeoires pendant votre absence.

Ne croyez pas que les oiseaux qui s'alimentent à vos mangeoires oublient comment se procurer de la nourriture. Ils sont pleins de ressources et explorent continuellement, se nourrissant d'une vaste gamme d'aliments sauvages. Suivez leurs déplacements et vous pourrez le constater par vous-même.

Beaucoup de gens cessent de nourrir les oiseaux au printemps lorsque les insectes, les graines et d'autres aliments sauvages deviennent plus abondants. Il est toutefois bon de nourrir les oiseaux à l'année longue. Nous le faisons et nous avons en plus le plaisir de les observer pendant la pariade et la reproduction et lorsqu'ils emmènent leurs oisillons aux mangeoires.

Illustration d'un bassin d'oiseau.

beaucoup de va-et-vient. Nous utilisons un chauffe-eau commercial pour bassins d'oiseaux. Ils consomment peu d'électricité, ne présentent aucun danger pour les oiseaux et gardent la température juste au-dessus du point de congélation.

POUR ATTIRER LES COLIBRIS

Chaque année nous sommes enchantés du retour des colibris dans notre jardin. Nous avons découvert que le meilleur moyen de les attirer est de planter les fleurs qu'ils aiment, notamment des fleurs tubulaires rouges. Ils boivent le nectar et se nourrissent des petits insectes qu'ils trouvent à l'intérieur. Vous pouvez de plus installer des mangeoires pour colibris près des fleurs dont ils se nourrissent. Quand les oiseaux auront pris l'habitude de les utiliser, vous pourrez les approcher de la maison afin de mieux les observer. Ne vous découragez pas si les colibris tardent à utiliser vos mangeoires, le résultat est parfois immédiat, mais il peut aussi se faire attendre.

Fleurs pour colibris

Les colibris sont surtout attirés par les fleurs rouges tubulaires mais ils peuvent visiter des fleurs d'autres couleurs. Dans notre jardin, la fleur la plus populaire auprès des colibris est la Lobélie du cardinal (*Lobelia cardinalis*). Cette fleur vivace pousse au soleil ou en zone partiellement ombragée, dans un sol humide et riche; elle nécessite un paillis en hiver. Elle fleurit de juillet à septembre et atteint jusqu'à 90 cm de hauteur avec des épis de superbes fleurs écarlates. Les colibris semblent attendre son éclosion avec impatience. C'est la seule fleur de notre jardin qui provoque des disputes chez les colibris, et d'autres gens ont constaté le même phénomène.

Pour obtenir un effet intéressant, nous vous conseillons de planter diverses espèces de fleurs et de placer les plus grandes derrière les plus petites. Vous trouverez ci-après une liste de fleurs annuelles et vivaces, de vignes et d'arbrisseaux qui attirent les colibris. Ils apprécient aussi plusieurs arbres à fleurs; entre autres, le marronnier d'Inde, le cognassier, le mimosa. La section «Ressources» à la page 84 donne une liste d'ouvrages traitant de ce sujet.

Mangeoires pour colibris

Il existe plusieurs mangeoires de qualité pour colibris sur le marché. Lors de l'achat d'une de ces mangeoires, assurez-vous qu'elle se démonte facilement et que vous pouvez atteindre toutes les parties intérieures pour en faire un nettoyage complet. Certains fabriquent eux-mêmes leurs mangeoires en couvrant d'un ruban rouge ou de peinture un petit bocal de verre, pour qu'il ressemble à une fleur rouge.

Installez vos mangeoires au tout début du printemps pour que les colibris les découvrent dès leur arrivée et veuillent rester dans votre entourage. Vous les enleverez quand les derniers retardataires seront partis.

Mélange sucré pour colibris

Pour préparer un sirop qui attirera les colibris, mélangez une partie de sucre blanc pour 4 parties d'eau et faites bouillir pendant 1 ou 2 minutes, ce qui retardera la fermentation du mélange. Laissez refroidir et versez dans les mangeoires; réfrigérez la quantité non utilisée. N'utilisez jamais du miel à la place du sucre, car il fermente rapidement au soleil, et il se forme une moisissure qui peut être fatale aux colibris.

Certains y ajoutent un colorant alimentaire rouge pour mieux attirer les oiseaux ou encore pour savoir à quel moment il leur faut remplir la mangeoire. Nous préférons ne pas ajouter de colorant car la plupart des mangeoires comportent déjà du rouge,

Les mélanges sucre-eau ne leur procurent pas un régime vraiment équilibré, mais n'oubliez pas que les colibris se nourrissent aussi de nectar naturel et d'insectes. Ils peuvent donc déserter temporairement vos mangeoires au moment où certaines de leurs fleurs favorites comme les chèvrefeuilles, les lilas ou les lupins s'épanouissent aux alentours.

Vous devez nettoyer les mangeoires à fond et remplacer la solution à tous les trois ou quatre jours. Frottez les mangeoires avec de l'eau chaude et du vinaigre et rincez-les. Il est très important de garder les mangeoires propres car des champignons ou des bactéries peuvent se former et faire fermenter ou surir le mélange.

Plantes préférées des colibris

Nom commun	Nom scientifique
Annuelles	
Capucine	*Tropaeolum majus*
Cléome	*Cleome* spp
Fuchsia	*Fuchsia* spp
Géranium	*Pelargonium* spp
Glaïeul	*Gladiolus* spp
Impatienteset Balsamine	*Impatiens* spp
Lantana	*Lantana camara*
Lobélie du cardinal	*Lobelia cardinalis*
Oeillets, oeillets de poète	*Dianthus* spp
Pétunia	*Pétunias* spp
Sauge ou Salvia	*Salvia* spp
Tabac	*Nicotiana* spp*
Vivaces	
Ancolie	*Aquilegia* spp
Hémérocalle	*Hemerocallis* spp
Heuchère pourpre	*Heuchera sanguinea*
Lis	*Lilium* spp
Lupin	*Lupinus* spp
Monarde	*Monarda* spp
Phlox	*Phlox* spp
Pied-d'alouette	*Delphinium* spp
Rose trémière	*Althaea* spp
Plantes grimpantes	
Bignone	*Campsis radicans*
Chèvrefeuille d'Amérique	*Lonicera sempervirens*
Arbustes	
Arbre aux papillons	*Buddleia* spp
Azalée	*Rhododendron* spp
Chèvrefeuille japonais	*Lonicera japonica*
Lilas	Syringa
Mauve en arbre	*Hibiscus* spp
Kolkwitzia aimable	*Kolkwitzia amabilis*

*spp signifie qu'il existe plus d'une variété.

Ce magnifique colibri roux femelle semble vraiment apprécier le mélange d'eau sucrée de cette mangeoire dont l'ouverture est munie d'un dispositif pour tenir les abeilles à distance.

Autres visiteurs des mangeoires

Fourmis, guêpes et abeilles sont aussi attirées par les mélanges sucrés. Pour éviter les fourmis, suspendez les mangeoires à un fil à pêche mince. Certaines gens enduisent aussi de vaseline le fil de suspension de la mangeoire. D'autres entourent de papier tue-mouches la branche ou le piquet où est fixée la mangeoire. Pour contrôler la présence d'abeilles et de guêpes, enduisez de vaseline, d'huile minérale ou d'huile végétale le trou et le pourtour de l'ouverture de la mangeoire. L'ouverture étant trop glissante, les abeilles et les guêpes ne pourront s'y agripper. Il existe aussi un dispositif «anti-abeilles», sorte d'écran qui s'ajuste sur l'ouverture de la mangeoire (voir la photo ci-haut). Certains trouvent cette mangeoire pratique et d'autres non; le mieux est de l'expérimenter soi-même.

Plusieurs autres espèces d'oiseaux semblent aussi fréquenter les mangeoires pour colibris, notamment les orioles, les tangaras, les parulines et les pics. Le fait d'attirer d'autres espèces est vraiment excitant. Si la mangeoire a trop de succès, vous pouvez en installer plusieurs autres et ainsi réduire la compétition.

L'ÉCUREUIL, CE MIGNON PIQUE-ASSIETTE

Si vous installez une mangeoire dans un secteur où il y a des écureuils, ils viendront certainement, convaincus que cette nourriture leur est destinée. Combien de gens deviennent tellement obsédés par la présence des écureuils que nourrir les oiseaux devient une véritable corvée. Ils oublient même d'apprécier la beauté de cette vie sauvage qu'ils ont attirée.

Nous croyons que la meilleure façon d'agir avec les écureuils est de les empêcher de déranger les oiseaux pendant qu'ils se nourrissent, et d'observer ensuite leur propre comportement, tout aussi fascinant. Nous essayons de les éloigner des mangeoires de tournesol car ces graines coûtent cher et sont destinées aux oiseaux chanteurs de petite taille. Toutefois, nous acceptons qu'ils mangent le maïs concassé servi à notre mangeoire au sol car il ne coûte pas cher et les tient à l'écart des graines de tournesol. Vous trouverez ci-après des conseils sur la façon de protéger vos mangeoires tout en appréciant la présence des écureuils.

Vous devez avoir deux objectifs quant aux écureuils et aux mangeoires de tournesol : les tenir loin de la mangeoire, et s'ils réussissent à l'atteindre, les empêcher de manger les graines ou de mâchouiller la mangeoire pour se les approprier.

Dispositifs anti-écureuils

La meilleure façon de réduire les dommages causés par les écureuils à votre mangeoire pour graines de tournesol est de les empêcher de l'atteindre. Voici ce que vous devez faire :

1. Suspendez votre mangeoire à au moins 2,5 m d'un point d'accès comme un tronc d'arbre ou une grosse branche et entre 1,5 et 1,8 m au-dessus du sol. Vous devrez peut-être modifier ces mesures si vous avez affaire à un écureuil possédant d'exceptionnelles qualités de sauteur. Si vous avez une mangeoire de plastique tubulaire munie d'un plateau que les écureuils peuvent utiliser comme plate-forme, retirez-le.
2. Utilisez des dispositifs antiprédateurs – en forme d'entonnoir ou de parapluies que les écureuils ne peuvent escalader – un fil métallique quelconque menant à la mangeoire. Certaines compagnies spécialisées fabriquent d'excellents dispositifs antiprédateurs en plastique transparent. Certaines gens préfèrent les fabriquer eux-mêmes avec des feuilles de métal ou d'autres matériaux glissants mais il ne faut pas oublier qu'ils doivent être d'assez grande dimension pour que les écureuils ne puissent les escalader. Certains placent des bobines de fil vides ou d'autres objets sur le fil pour empêcher les écureuils de prendre pied. Nous avons constaté que les dispositifs antiprédateurs ont de meilleurs résultats.
3. Si votre mangeoire est fixée sur un poteau, installez les dispositifs à au moins 1,22 m sous la mangeoire. Placez la mangeoire assez loin des arbres pour que les écureuils ne puissent y sauter.
4. Répandez du maïs concassé sur le sol loin de la mangeoire pour détourner l'attention des écureuils.

Empêcher les écureuils de se servir à la mangeoire ou de la mâchouiller

Les écureuils ne pourront mâchouiller votre mangeoire si elle est faite de plastique solide comme le Lexan, si le fond et le toit sont en métal, et si les portes d'accès aux graines sont renforcées de métal. Le chapitre traitant des mangeoires pour graines de tournesol, en page 2, donne de précieux conseils.

Plusieurs mangeoires sont conçues de façon à empêcher les écureuils de se servir quand ils réussissent à s'y poser. Ainsi, il existe une mangeoire de plastique tubulaire entourée d'un robuste fil métallique recouvert de vinyle. Sur un autre modèle fait en acier, la porte ferme quand la plate-forme supporte le poids d'un écureuil, mais pas celui des oiseaux légers.

COMPRENDRE LES ÉCUREUILS

L'Écureuil gris

En été, vous constaterez que l'Écureuil gris est plus actif aux mangeoires en début de matinée, et ensuite au milieu de l'après-midi. Il se repose au milieu de la journée. L'hiver, les jours sont plus courts et ses principales activités se font vers l'heure du midi. Pendant ses périodes d'inactivité, is reste souvent au nid, qui consiste en une accumulation circulaire de 45 cm de feuilles et de brindilles près du sommet d'un arbre. Ils ressemblent à ce gros nids d'oiseaux. Observez bien l'écureuils qui transporte des feuilles dans sa bouche et vous verrez qu'il les apporte vers son nid, où il dort et élève ses petits.

Le territoire de l'Écureuil gris s'étend sur plusieurs hectares et chevauche celui d'autres de ses congénères. Il ne défend pas ce territoire, mais établit des rapports hiérarchiques avec les autres Écureuils gris. Observez-les à l'œuvre dans votre jardin et voyez lesquels sont dominants. De façon générale, les écureuils mâles plus âgés dominent les femelles et les plus jeunes.

Comme les oiseaux, les écureuils adoptent certains comportements pour communiquer entre eux. Un Écureuil gris dominant claquera des dents, tapera du pied et agitera sa queue. Il pourchassera un autre écureuil, mais les combats sont rares. En cas d'alerte, il agite sa queue de l'avant à l'arrière.

Un autre type de poursuite survient durant la saison de la reproduction, soit deux fois l'an, de décembre à janvier et de juin à juillet. La femelle dégage alors une odeur qui attire le mâle. Si vous apercevez un écureuil pourchassé par plusieurs écureuils, il s'agit d'une femelle poursuivie par des mâles. Les mâles dominants la suivent de plus près et l'un d'eux pourra sans doute s'accoupler avec elle.

Surveillez les écureuils dans leurs déplacements, vous constaterez qu'ils ont tendance à toujours utiliser les mêmes branches. Vous pourrez même les voir s'arrêter brièvement, alors qu'ils reniflent une brindille ou y frottent leur visage. Ils laissent une odeur derrière eux et peuvent déceler la présence d'autres écureuils par l'odeur.

L'Écureuil gris creuse un trou d'une profondeur d'environ 90 à 120 cm pour y enterrer sa noix. Après l'y avoir déposée, il la pousse avec son museau et replace la terre avec ses pattes antérieures. Comment la retrouve-t-il ? Lorsqu'il a faim, il parcourt le secteur et localise la noix, soit par l'odeur de la noix, soit par l'odeur laissée par son museau en enterrant la noix. Comme plus d'un écureuil peut cacher ses noix dans le même secteur, ce n'est pas toujours celui qui les a cachés qui les récupère.

L'Écureuil roux

L'Écureuil roux est un solitaire qui défend son territoire de 0,81 à 2 hectares contre tout intrus, qu'il soit Écureuil roux, Écureuil gris ou oiseau. Malgré sa petite taille, il est plus agressif que le gris et chasse régulièrement ce dernier hors de son territoire. L'Écureuil roux a deux saisons de reproduction – de mars à mai et de juillet à septembre.

L'Écureuil roux cache la plus grande partie de sa nourriture (noix et cônes) au milieu de son territoire. Cette cachette peut se trouver dans un passage souterrain ou sous un amas de broussailles. Il récupère sa nourriture et la mange souvent sur place. Des amas d'écailles de pins déplacées vous révéleront l'emplacement de son garde-manger.

L'Écureuil roux vit dans des nids de feuilles dans les arbres ou dans des tunnels souterrains qu'ils creusent.

Un écureuil roux en pleine collation.

PROBLÈMES ET SOLUTIONS

MA MANGEOIRE EST DÉSERTE

- Avez-vous suivi nos recommandations quant à l'aménagement du poste d'alimentation ? Si vos mangeoires, graines et végétaux sont adéquats, soyez patients, les oiseaux viendront. Dans certaines régions, ils mettent parfois plus de temps à découvrir et à utiliser les mangeoires que dans d'autres.
- Le moment est peut-être mal choisi. À certaines périodes de l'année – la fin de l'été, l'automne et le début de l'hiver – les oiseaux désertent parfois les mangeoires car ils profitent d'une abondance de graines et de baies sauvages pour se nourrir. Au printemps et au début de l'été, leur vie sociale subit des changements – ils s'apparient et se dispersent dans les aires de nidification. La situation est fort différente en hiver, lorsque des volées d'oiseaux prennent vos mangeoire d'assaut. Vous voyez probablement moins d'oiseaux en été, mais vous êtes comblés lorsqu'ils emmènent leurs petits à vos mangeoires.
- Est-ce le bon moment de la journée ? Souvent, les gens se plaignent de ne pas avoir d'oiseaux et jurent qu'ils surveillent leurs mangeoires toute la journée. Peut-on vraiment surveiller ses mangeoires *toute* la journée ? Les oiseaux peuvent venir à la mangeoire pour de courtes périodes, par exemple au lever du jour et ne plus revenir; certains arrivent même au crépuscule, alors qu'il est difficile de les apercevoir. C'est souvent le cas du cardinal qui peut demeurer invisible toute la journée et ne venir manger qu'au crépuscule alors qu'il fait trop sombre pour le voir mais souvent, son «tchip» perçant le trahit.
- Les besoins alimentaires des oiseaux peuvent changer selon le temps, la température, la période de l'année, le moment de la journée. Par temps doux, lorsqu'il y a abondance dans la nature, ils utiliseront moins vos mangeoires. Quand la nourriture est plus difficile à trouver, comme immédiatement avant et pendant les tempêtes de neige, ils fréquenteront plus assidûment vos mangeoires.
- Certaines espèces ne fréquentent les mangeoires que certaines années. Certaines espèces, comme le Tarin des pins et le Gros-bec errant peuvent être abondants une année, et absents l'année suivante, selon la quantité de nourriture disponible dans le Nord. Le Chardonneret jaune et le Roselin pourpré visitent les mangeoires de façon irrégulière et errent ici et là tout l'hiver.
- Vos voisins ont-ils installé des mangeoires ? Seraient-elles plus invitantes que les vôtres, au point que certains de vos oiseaux aient délaissé les vôtres ? Mais si vous suivez nos conseils, vous assurerez un maximum d'attrait à vos mangeoires.
- Vous vivez peut-être à un endroit où il y a peu d'oiseaux. S'il y a peu d'arbres et d'herbe dans votre secteur (que ce soit en ville ou en banlieue), il n'y a ni nourriture ni aires de nidification, donc peu d'oiseaux. Même avec le meilleur poste d'alimentation, il vous sera difficile d'en attirer. Par contre, si vous plantez des arbres et des arbustes sur votre propriété, vous pourriez être surpris du nombre de visiteurs.

LES CHATS OU LES ÉPERVIERS MANGENT LES OISEAUX DE MON JARDIN

Que faire avec les chats

- Éliminez autant que possible tous les coins et recoins autour des mangeoires pour que les oiseaux puissent facilement apercevoir les chats.
- Placez les bains d'oiseaux au-dessus du sol et loin des arbustes où les chats peuvent se cacher.
- Grillagez les mangeoires au sol situées près de buissons ou d'arbustes.

Que faire avec les éperviers

Plusieurs espèces de rapaces s'attaquent aux oiseaux. Les espèces les plus communes sont : dans l'Est, l'Épervier brun et de façon cyclique l'Autour des palombes; dans l'Ouest, l'Épervier de Cooper.

Ces oiseaux de proie sont des espèces protégées. Pour éviter que vos oiseaux chanteurs soient exposés, fournissez-leur des endroits où ils peuvent se réfugier. Nous avons beaucoup d'arbustes dans notre jardin, où les oiseaux se dissimulent lorsqu'il y a un oiseau de proie dans le secteur.

Autres remarques

Il ne faut surtout pas croire que les oiseaux se gèlent les pattes ou les yeux sur les parties métalliques des mangeoires. Leurs pattes n'ont pas de glandes sudoripares et ne peuvent donc coller sur le métal, et les réflexes des oiseaux en santé sont si vifs qu'il est presque impossible que leurs yeux touchent le métal.

Un épervier brun

DES OISEAUX INDÉSIRABLES FRÉQUENTENT MA MANGEOIRE

Certaines personnes préfèrent certaines espèces d'oiseaux à d'autres. Nous essayons d'attirer tous les oiseaux car nous aimons tous les oiseaux et chacun d'eux a un comportement des plus fascinants. De plus, comme les oiseaux en attirent d'autres, il est préférable que la mangeoire soit très populaire.

Il est vrai que les gros oiseaux mangent beaucoup et que cela peut coûter cher. De plus, ils peuvent chasser les plus petits pour prendre leur place aux mangeoires. Notre tactique consiste à offrir quelque chose à tous : les graines de tournesol, plus coûteuses, aux petits oiseaux dans des mangeoire suspendues conçues pour eux; le maïs concassé et les graines mélangées aux mangeoires au sol. Dans le cas où vous voudriez éloigner certaines espèces, observez ce qu'ils mangent et retirez temporairement cette nourriture de vos mangeoires.

LES OISEAUX SE COGNENT DANS NOS FENÊTRES

Les oiseaux voient la réflexion du ciel et des arbres dans les fenêtres et croient qu'il s'agit d'un espace à ciel ouvert. Ces heurts surviennent quand, effrayés, les oiseaux prennent subitement leur envol, ou dans un environnement inconnu comme lors des migrations. Voici quelques suggestion pour éviter ce problème : recouvrir les fenêtres d'un grillage ou y coller du papier journal à l'extérieur pour en éliminer la réflexion; ou encore, acheter ou fabriquer la silhouette noire d'une buse plongeante et la placer sur la face extérieure des fenêtres. Les oiseaux associeront instinctivement cette forme à un signal de danger

La silhouette d'une buse sur votre fenêtre peut empêcher les oiseaux de s'y heurter.

VÉGÉTAUX QUI ATTIRENT LES OISEAUX

Les oiseaux vivent dans des milieux naturels très différents. Donc, si vous voulez attirer plusieurs espèces d'oiseaux, il vous faudra essayer de créer un environnement très varié.

Pour diversifier votre environnement, il faut réussir à offrir de la nourriture et des sites de nidification à tous les niveaux. Voici les quatre niveaux de base que vous devriez tenter d'aménager :

- Herbe, 5 cm à 30 cm de hauteur;
- Arbustes, 60 cm à 1,5 m de hauteur;
- Arbrisseaux, 1,5 m à 4,5 m de hauteur;
- Arbres, 4,5 m à 12 m de hauteur.

Essayez d'apporter les niveaux de végétation manquant à votre propriété. Au début, nous n'avions que de grands arbres sur notre terrain; nous y avons ajouté du gazon, des arbustes et des arbrisseaux.

CE QU'IL FAUT PLANTER

Ayant acquis une bonne expérience dans notre jardin et dans la nature, nous avons établi des critères simples dans le choix des végétaux susceptibles d'attirer les oiseaux. Ils doivent avoir les propriétés suivantes :

1. *Produire des baies ou des graines que les oiseaux mangent.* Nous essayons d'avoir un choix de plantes très productives, dont les fruits mûrissent à différentes saisons afin d'offrir de la nourriture à l'année.
2. *Fournir des sites de nidification.* Beaucoup d'arbustes et d'arbrisseaux produisent de la nourriture pour les oiseaux mais peu d'entre eux ont une structure de branches assez dense pour soutenir des nids, tout en n'entravant pas les déplacements des oiseaux.

Un environnement varié attire beaucoup d'espèces d'oiseaux. Ce ravissant jardin offre du gazon, des fleurs pour les colibris, des arbustes, des arbrisseaux, de grands arbres et en bordure, plusieurs différents milieux.

Voici nos suggestions quant au meilleur choix de végétaux pour offrir de la nourriture et des sites de nidification à tous les niveaux. Dans certains cas, il s'agit de plantes spécifiques dont le nom scientifique est inscrit. Dans d'autres, il s'agit d'un genre de plantes à partir duquel vous pouvez choisir toute espèce selon les recommandations de votre pépiniériste local.

Végétaux appréciés des oiseaux

Arbustes :

1. Chèvrefeuille, *Lonicera* spp.; achetez des arbustes et non les espèces grimpantes;
2. Genévrier, *Juniperus* spp.; achetez des espèces qui atteignent entre 60 cm et 1,5 m de hauteur;
3. Épine-vinette, *Berberis* spp.;

Arbrisseaux :

1. Pommetier, *Malus* spp.; achetez les espèces qui produisent une abondance de fruits;
2. Genévrier, *Juniperus* spp.; achetez une espèce qui pousse entre 3 et 6,1 m. de hauteur.
3. Aubépine, *Crataegus* spp.

Arbres : (offrant une variété de feuillage et de nourriture) :

1. Cônes et abris : pin, épinette, sapin;
2. Graines : érable, frêne (arbre femelle), bouleau, orme;
3. Baies : cerisier, mûrier, sorbier
4. Noix : chêne.

À la section «Ressources», en page 84, nous suggérons quelques ouvrages sur ce sujet.

SIX MOYENS FACILES DE CRÉER UN ENVIRONNEMENT VARIÉ

- Faites quelques tas de broussailles, composés de branches et de vieux sapins de Noël.
- Laissez pousser un coin de votre gazon (au minimum 3 m sur 3 m), et ne le tondez pas.
- Si une partie de votre terrain est remplie de plantes herbacées et d'arbustes, n'y touchez pas.
- Laissez les arbres morts et les branches mortes en place, en autant, bien entendu, qu'ils ne représentent aucun danger.
- Si vous êtes entouré d'arbres, abattez-en quelques-uns pour créer une clairière.
- Si vous êtes entouré d'une clairière, plantez quelques arbres et arbustes.

LES NICHOIRS

Vous trouverez ci-dessous, un excellent nichoir pouvant être utilisé par la plupart des petits oiseaux nicheurs et dont l'ouverture est assez étroite pour interdire l'accès à l'agressif Étourneau sansonnet. Ce nichoir peut être placé entre 90 cm et 3 m de hauteur sur un arbre ou un poteau à n'importe quel endroit de votre propriété où il y a peu d'activité humaine. Pour obtenir de meilleurs résultats, il devrait être installé à l'automne ou en hiver pour que les oiseaux s'y habituent. En plus d'y faire leur nid, plusieurs oiseaux – pics, hirondelles et sittelles – y passent la nuit.

Des trous percés tout le long du haut des côtés assurent l'aération. Le thuya convient parfaitement et n'a pas besoin d'être teint. Si vous utilisez du pin, protégez-le avec une couche d'huile de lin.

Malgré toutes les variations qui peuvent y être apportées, nous croyons qu'il n'en demeure pas moins le meilleur modèle tout usage qui soit. Mésanges, sittelles, merlebleus, pics et Hirondelles bicolores ont niché chez nous dans ce modèle. Dans un rayon de 0,4 hectares, vous pouvez installer 4 à 5 nichoirs, en les plaçant dans des habitats variés et à différentes hauteurs. Ils ne seront pas tous occupés à chaque année, mais en installant plusieurs nichoirs, vous offrirez un plus grand choix aux oiseaux.

Voici un modèle de nichoir tout usage qui attirera plusieurs de vos oiseaux favoris. Le haut du panneau avant peut être muni de deux clous agissant comme gond pour pouvoir observer les oiseaux et nettoyer le nichoir à la fin de la saison.

DIMENSIONS
Toit : 20 x 18 cm
Côtés : 20 x 12,8 x 25,4 cm
Devant : 11,4 cm x 20 cm
Fond : 11,4 x 12,8 cm
Arrière : 17,8 x 33 cm
Ouverture : 3,8 cm

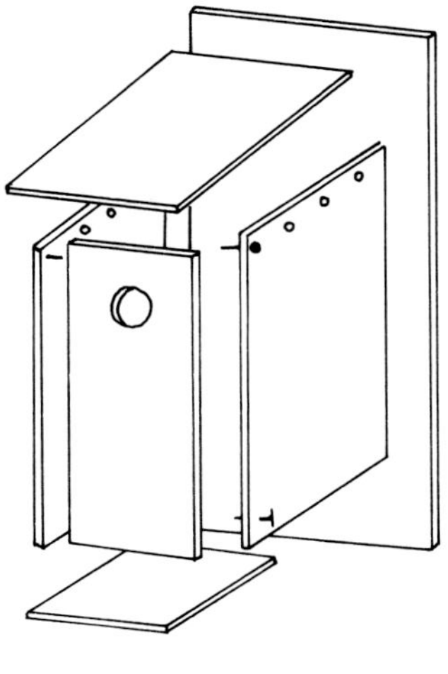

LE COMPORTEMENT DES OISEAUX

OBSERVER LE COMPORTEMENT DES OISEAUX

Lorsque nous observons les ébats des oiseaux attirés à nos mangeoires, comment ne pas être envahi par ce profond sentiment de communion avec la nature et le rappel que l'être humain n'est pas seul sur cette terre. Les oiseaux apportent un équilibre et une orientation à notre perception de la vie qui deviendra encore plus profonde si nous prenons le temps de comprendre leurs comportements. Nous cessons alors de les considérer comme de petites créatures à plumes baptisés par les humains, mais plutôt comme des créatures vivantes possédant leur propre langage, des structures sociales et un sens de survie des plus complexes,

L'observation du comportement est l'une des activités les plus populaires de l'observation des oiseaux. Elle attire ceux qui veulent tout savoir de la vie des oiseaux, le quoi, le comment et le pourquoi, car chaque espèce offre une source infinie d'intérêt.

Cette activité, qui a pour but d'acquérir une plus grande compréhension générale des oiseaux, exige peu de temps, est simple et très enrichissante. Tout ce que vous avez à faire est d'oberver le comportement d'un oiseau en particulier. Votre observation peut durer quinze secondes comme elle peut durer de cinq à dix minutes. Dans tous les cas, si vous êtes attentif, vous verrez certainement quelque chose de nouveau à chaque fois. Nous observons nos mangeoires depuis plusieurs années et nous découvrons sans cesse de nouvelles choses.

L'importance des questions

Ouvrez grands vos yeux et vos oreilles et ne laissez pas votre curiosité de côté. Le questionnement est la force motrice du savoir. Plus vous questionnerez, plus vous apprendrez sur ce que vous voyez.

Les questions les plus simples sont souvent les meilleures. Ne vous inquiétez pas si vous n'avez pas toutes les réponses; continuez à demander et restez ouvert à la connaissance. Quelqu'un a déjà dit qu'un expert est celui qui a peur d'apprendre quelque chose de nouveau. Autrement dit, vaut mieux être un bon explorateur que celui qui croit posséder toutes les réponses. Il y a toujours quelque chose à apprendre.

Les textes traitant des diverses espèces d'oiseaux répondront à plusieurs de vos questions sur les mangeoires, mais certaines peuvent ne jamais trouver réponse même auprès de scientifiques ou de chercheurs. Malheureusement, très peu de gens prennent le temps d'observer la nature comme vous le faites à vos mangeoires. Étonnant mais vrai ! Que de découvertes scientifiques auraient pu être faites aux mangeoires si les gens avaient pris le temps...

Pendant que vous observer les oiseaux, essayez de répondre aux questions données ci-après; elles vous initieront à l'observation du comportement et à l'exploration de la vie de vos petits visiteurs.

Questions sur l'alimentation

Se nourrissent-ils en groupes ou seuls ? Mangent-ils au sol et/ou au-dessus du sol ? Prennent-ils une graine à la fois pour aller la manger ailleurs ou restent-ils à la mangeoire ? Préfèrent-ils une nourriture en particulier ?

Questions sur les interactions

Comment l'oiseau réagit-il face à la présence d'autres oiseaux à la mangeoire ? Est-il tolérant ou agressif ? Émet-il des sons ou fait-il des gestes pendant qu'il mange ? Un membre de la volée semble-t-il dominer les autres ? Une espèce semble-t-elle en dominer une autre ?

Un carouge à épaulettes mâle qui défend son territoire.

DEUX FAÇONS SIMPLES POUR DEVENIR UN MEILLEUR OBSERVATEUR

Comme vous êtes un observateur débutant, et que vous cherchez ici les réponses à vos questions, voici deux conseils importants. Ils ont trait à vos interprétations sur ce que vous voyez. Si vous parvenez à éviter les deux conjectures suivantes, vous aurez amélioré votre sens d'observation quant au comportement des oiseaux.

Conjectures concernant les activités de la «gent ailée»

N'assumez pas que les oiseaux sont comme les humains, qu'ils peuvent avoir les mêmes motifs et émotions. Regardez ce qu'ils font et comment ils le font.

Par exemple, un Geai bleu ramasse une graine à votre mangeoire au sol, sautille vers un autre geai qui bat des ailes et la lui offre.

Certains diront que c'est une mère geai qui nourrit un oisillon qui mendie. Toutefois, cette description implique plusieurs suppositions : que l'action se déroule entre un parent et son oisillon; que l'oisillon mendie; que l'adulte est la mère.

En fait, vous ne pouvez être sûr d'aucune de ces conclusions avec les Geais bleus. Vous ne pouvez différencier le mâle de la femelle par leur allure; l'oiseau qui a été nourri n'a peut-être fait que demander plutôt que mendier; quelques semaines après leur départ du nid, les jeunes Geais bleus ressemblent à des adultes. Il est vrai que ce comportement est celui du Geai bleu adulte qui nourrit son petit mais c'est aussi celui du Geai bleu mâle qui courtise et nourrit la femelle.

Donc, si nos conjectures sur les oiseaux sont en partie fondées sur les interactions humaines, nous risquons de mal interpréter leur comportement; ceci nous empêche de voir comment ils sont *vraiment*.

Conjectures quant à «il ou elle»

L'une des conjectures les plus fréquentes chez les observateurs concerne le sexe de l'oiseau. En parlant d'un oiseau, les gens utilisent «ils» peut-être sans y penser parce c'est là l'usage courant, ou parce qu'ils assument que c'est un «il» ou une «elle» en se basant sur son comportement et les stéréotypes que nous avons sur les rôles des sexes.

Ces pratiques peuvent limiter vos observations. Si, lors d'une observation du comportement, vous appelez tous les oiseaux «il», vous avez 50 p. cent de risque de vous tromper, et si vous identifiez leur sexe uniquement sur des conjectures, vous ratez l'occasion de voir les oiseaux sous leur vrai jour.

La meilleure solution est d'utiliser «il» ou «elle» selon le nom que les humains lui ont donné. De plus, lisez les textes traitant de chaque oiseau et observez les différences entre les mâles et les femelles de chaque espèce afin de bien pouvoir les distinguer.

COMPORTEMENT SOCIAL

Chez les oiseaux aux mangeoires, nous notons deux types de comportement : l'un social et l'autre de subsistance. Le comportement social comprend toute interaction entre oiseaux (agression, cour, regroupement, accouplement) et le comportement de subsistance, tout ce que l'oiseau fait pour survivre (lissage des plumes, bain, alimentation, sommeil). Voici quelques-uns des comportements sociaux habituels des oiseaux aux mangeoires. Les comportements de subsistance sont décrits en page 22.

Interactions

Dès que deux oiseaux ou plus sont aux mangeoires, il y a interactions qui peuvent être fascinantes et procurer d'innombrables heures de plaisir.

La majorité des interactions aux mangeoires sont agressives parce que vous offrez une source inépuisable de nourriture dans un espace restreint, causant une certaine rivalité entre les oiseaux, L'installation d'un plus grand nombre de mangeoires les dispersera et réduira leur degré de rivalité et d'agressivité.

Plusieurs des oiseaux qui fréquentent les mangeoires – mésanges, bruants, chardonnerets, geais bleus – se nourrissent en groupes durant l'hiver. Il arrive donc souvent que des congénères se disputent la nourriture. Au lieu de se quereller constamment, ce qui requiert beaucoup d'énergie et entraîne des risques de blessures, les oiseaux ont établi des hiérarchies à l'intérieur de leurs groupes; les oiseaux se nourrissent donc selon un ordre de priorité. Quand deux oiseaux d'un même groupe se présentent en même temps à une mangeoire, l'oiseau dominant mange le premier, et l'autre part ou attend sans le défier. La position hiérarchique d'un oiseau peut dépendre de facteurs comme le sexe, l'âge, le plumage ou le degré d'agressivité.

Pendant que vous observez les interactions des oiseaux à vos mangeoires, essayez de répondre à ces questions : Qui réagit le premier? Que se passe-t-il? Qu'en résulte-t-il? Sont-ils de la même espèce ou d'espèces différentes? Il serait intéressant que vous inscriviez ces questions et réponses dans un carnet et ainsi établir votre propre documentation sur chaque espèce.

Le langage

Les oiseaux communiquent entre eux au moyen de gestes et de sons. Ces gestes et sons sont appelés parades et chaque espèce possède un ensemble de parades constituant son «langage». Plusieurs de ces parades exécutées aux mangeoires communiquent la dominance ou la subordination entre membres d'un groupe.

Tous les sons d'oiseaux ont évolué afin de mieux communiquer et chaque son différent émis par un oiseau a probablement une signification particulière. Il est vain de chercher le sens exact d'un cri, car il ne s'agit pas de mots ou de phrases, mais plutôt de l'expression d'une émotion. Les tomes 1 et 2 du *Guide du Comportement des Oiseaux* de Donald et Lillian Stokes vous renseigneront sur la signification de ces sons.

Chaque espèce possède aussi des gestes particuliers faisant partie de son langage. Ce sont généralement des positions inhabituelles des plumes ou du corps. Voici la description de trois des parades les plus fréquentes des oiseaux aux mangeoires.

Tête vers l'avant : L'oiseau est en position horizontale et son bec, parfois ouvert, pointe vers un autre oiseau. Ce geste est souvent exécuté par un chardonneret ou un tarin perché sur une mangeoire et dont la place est disputée par un autre oiseau.

Huppe soulevée : Les plumes sur la tête de l'oiseau sont dressées. Exécutée par les oiseaux qui ont une huppe évidente comme la Mésange bicolore et le Cardinal rouge, mais aussi par les autres mésanges, les pics et les bruants, cette parade est très brève. Elle est souvent exécutée par un oiseau qui arrive à une mangeoire et cherche une place pour se nourrir.

Abaissement des ailes : La queue est légèrement relevée et le bout des ailes est abaissé, leur donnant l'air de pointes sous la queue. Cette parade peut durer plusieurs secondes et signale une agression ou une dominance.

Un oiseau qui vole vers un autre pour le déloger de son perchoir est là un autre geste de dominance. Cette attitude se voit fréquemment aux mangeoires. Celui qui déplace l'autre est l'oiseau dominant.

Comportement d'alerte

Deux types de prédateurs menacent les oiseaux : ceux qui viennent du sol, comme l'humain, le chat ou un serpent, et ceux qui viennent des airs, comme l'épervier. Ils y réagissent de façon différente.

Lorsqu'il aperçoit un prédateur au sol, l'oiseau s'envole habituellement vers le perchoir le plus près et émet de petits cris discordants comme «tcheck, tcheck» ou «tchip, tchip». Il surveille le prédateur et continue de crier jusqu'à ce qu'il parte.

L'oiseau qui le premier voit arriver un prédateur aérien émet un sifflement très aigu, qui a comme effet immédiat d'immobiliser et de faire taire tous les autres oiseaux du secteur. Vous pouvez voir cela à vos mangeoires. Lorsque les oiseaux sont silencieux et immobiles et que seuls leurs yeux se déplacent rapidement en tous sens, c'est qu'il y a peut-être aux environs un Épervier brun ou un Épervier de Cooper, les principaux prédateurs aux mangeoires. Les oiseaux demeureront immobiles pendant plusieurs minutes avant de reprendre leurs activités. Nous avons souvent été avertis de la présence d'éperviers simplement par la réaction des oiseaux.

Regroupements sociaux

Au printemps et en été, la plupart des oiseaux vivent en couples pendant les différentes étapes de la reproduction. Mais en automne et en hiver, les couples se séparent et les oiseaux forment des groupes sociaux. Voici quelques-uns de ces regroupements et les oiseaux qu'on y retrouve le plus souvent.

Solitaires : Après la saison de reproduction, certains oiseaux vivent seuls pendant tout l'hiver, habituellement dans une aire fixe, ou territoire. Exemples : moqueurs, tohis, et occasionnellement, Cardinals rouges et Bruants chanteurs.

Couples : Quelques-uns des oiseaux qui fréquentent nos mangeoires demeurent en couples dans leur aire de reproduction pendant toute l'année. Exemples : sittelles, pics, et occasionnellement, moqueurs et Cardinals rouges.

Beaucoup d'interactions aux mangeoires sont agressives telle la tête en avant menaçante de ce Chardonneret jaune.

Cellule familiale : chez certaines espèces, l'oisillon demeure avec ses parents pendant le premier hiver. C'est le cas des Mésange bicolores, des corneilles et probablement des Geai bleus.

Petites volées : certains oiseaux peuvent hiverner en petits groupes familiaux, d'autres non. Les oiseaux suivants se regroupent : bruants, cardinals, mésanges, moineaux, roselins, tohis et vachers.

Grandes volées : plusieurs de nos oiseaux de mangeoires se regroupent et voyagent en grandes volées pendant la saison hivernale. Exemples: bruants, carouges, chardonnerets, étourneaux, gros-becs, juncos, moineaux, pigeons, quiscales, tarins et tourterelles.

Volées mixtes : les volées sont parfois composées de plus d'une espèce, sans doute parce que plusieurs espèces y gagnent à voyager en groupes plus nombreux, profitant d'une meilleure protection contre les prédateurs et de nouvelles aires d'alimentation. Exemples : chardonnerets/tarins; juncos/bruants hudsoniens; sittelles/mésanges/pics; .

COMPORTEMENT DE SUBSISTANCE

Le comportement de subsistance comprend tout ce que l'oiseau fait pour survivre. Il diffère du comportement social car il n'entraîne aucune interaction avec d'autres oiseaux. Vous trouverez ci-dessous les comportements les plus fréquents observés aux mangeoires.

Alimentation

Chaque oiseau s'alimente d'une façon légèrement différente et il peut être très amusant de les surveiller pour découvrir leurs méthodes. Ainsi, vous avez probablement remarqué que souvent, les mésanges, les mésanges huppées et les sittelles prennent une graine à la mangeoire et vont la manger sur un autre perchoir, alors que d'autres oiseaux comme les gros-bec, les chardonnerets, les tarins et les tourterelles peuvent rester sur place et manger graine après graine.

Certains oiseaux visitent les mangeoires au sol, d'autres les mangeoires suspendues. Ceci reflète leurs habitudes alimentaires dans la nature. Ainsi, les tourterelles se nourrissent au sol de graines de plantes herbacées, et fréquenteront vos mangeoires au sol, alors que les chardonnerets se nourrissent dans les arbres, et viendront à vos mangeoires suspendues. Les pics et les mésanges mangent les insectes qu'ils dénichent dans l'écorce des arbres et préfèrent donc les contenants pour le suif et les mangeoires suspendues pour graines de tournesol. D'autres, comme les geais bleus et les étourneaux, peuvent fréquenter tous les types de mangeoires car dans la nature, ils ont une alimentation variée qu'ils trouvent à tous les niveaux.

Quelques-uns de nos visiteurs ont l'habitude de cacher des graines et des noix pour plus tard. Les sittelles font souvent de nombreux voyages quand elles font leurs réserves et on peut les voir quitter la mangeoire, atterrir sur un tronc d'arbre et remplir de graines un trou dans l'écorce. Les geais bleus font des réserves de glands et aident à repeupler la forêt.

Abreuvoir et bain

Si vous offrez de l'eau près de vos mangeoires, vous verrez les oiseaux venir boire et se baigner. Pour boire, la plupart des oiseaux recueillent un peu d'eau dans leur bec, puis penchent la tête vers l'arrière pour laisser l'eau s'écouler dans leur gorge. Ils sont obligés de se pencher car ils ne peuvent aspirer l'eau par le bec, sauf chez la famille des Columbidés, dont le Pigeon biset et la Tourterelle triste, qui peuvent aspirer l'eau et continuer à boire à petites gorgées sans avoir à pencher la tête vers l'arrière.

L'hiver, beaucoup d'oiseaux trouvent de l'eau en perçant la glace avec leur bec ou en mangeant de la neige. Une fois, nous avons vu des Jaseurs d'Amérique aller et venir de leur perchoir dans un arbre comme s'ils attrapaient des insectes. C'était une journée froide d'hiver et il neigeait, et en regardant plus attentivement dans nos jumelles, nous avons vu qu'ils attrapaient des flocons de neige au vol.

Le comportement au bain varie d'une espèce à l'autre. Plusieurs oiseaux se tiennent debout dans l'eau peu profonde, et par une série de mouvements (roulements de tête et du corps et battement d'ailes) emprisonnent l'eau dans les régions dépourvues de plumes près de leur corps, puis évacuent l'eau par les plumes. Quelques oiseaux comme l'hirondelle, peuvent voler immédiatement après avoir plongé dans l'eau. Mais d'autres peuvent sauter dans l'eau et être brièvement submergés avant de sortir. Certains se baignent dans l'eau de pluie, dans la rosée ou dans des feuilles humides. Prenez le temps de les observer; leur comportement au bain est fascinant.

Bain de soleil

Par une journée ensoleillée, vous pourriez voir un oiseau prendre une position bizarre, ailes étendues et plumes ébouriffées. S'il reste ainsi plus d'une minute, il prend peut-être un bain de soleil. Les scientifiques n'ont pas encore trouvé la raison de ces bains de soleil, mais selon les deux théories avancées, les rayons solaires aident l'oiseau à produire de la vitamine D ou ils soulagent la peau de l'oiseau pendant la mue. Les oiseaux prennent habituellement leur bain de soleil au sol dans une aire ouverte et ce faisant, ils semblent alors souvent en transe.

La mue

Les plumes d'oiseaux tombent et repoussent une ou deux fois par année. C'est la mue et si vous êtes attentif, vous pourrez observer ce phénomène à vos mangeoires. Tous nos oiseaux de mangeoires ont une mue complète à la fin de l'été et au début de l'automne; les plumes tombent graduellement et repoussent selon un ordre établi. Pendant la mue, les oiseaux ont l'air hirsute et déguenillé, et pendant que leurs nouvelles plumes poussent, ils arborent souvent des taches de diverses couleurs . Il peut aussi leur manquer des plumes sur la queue ou les ailes. En août et en septembre, on peut admirer leur nouveau plumage qui est particulièrement éclatant.

Au printemps, de mars à mai, quelques-uns de nos visiteurs subissent une autre mue mais il s'agit cette fois des plumes du corps et non de celles des ailes et de la queue. Le Chardonneret jaune subit une mue printanière. En hiver, le mâle et la femelle sont semblables; ils ont plus de gris et de jaune qu'en été. La mue printanière terminée, la femelle est plus jaune et le mâle est jaune clair et arbore une tache noire sur le front.

Chaque espèce d'oiseau s'alimente à des sources différentes. Le Jaseur d'Amérique se nourrit des baies de l'airelle.

UN AN DANS LA VIE D'UN OISEAU

Le comportement des oiseaux est soumis à un cycle annuel. En vous familiarisant avec ce cycle, vous pourrez situer les comportements observés dans un contexte plus global de la vie complète de l'oiseau. Pour vous permettre de mieux apprécier l'observation des oiseaux à vos mangeoires, voici un court résumé de la vie d'un oiseau. Il n'est question ici que de généralités car les espèces diffèrent légèrement l'une de l'autre

Le début de la reproduction / La migration

Pour la plupart des petits oiseaux, la saison de reproduction débute à la fin de l'hiver ou au printemps, quand les changements de durée de luminosité (photopériode) provoquent des changements d'hormones chez les oiseaux, ce qui affecte leur comportement. Pour les oiseaux migrateurs comme les Carouges à épaulettes, cette photopériode peut les faire migrer au nord vers leur aire de reproduction. Les résidants permanents, telle la Sittelle à poitrine blanche, peuvent commencer à limiter leurs déplacements à leur aire de nidification.

L'établissement du territoire

Le chant printanier des oiseaux est une des merveilles de la nature. Généralement exécuté par les mâles, il remplit deux fonctions : délimiter un territoire, le défendre contre d'autres mâles et attirer une femelle. Si d'autres mâles de la même espèce s'aventurent sur le territoire, il s'ensuit des parades, des poursuites, et parfois des combats. Quand les oiseaux ont établi leurs territoires et que l'oiseau s'est trouvé une compagne, les chants diminuent ou cessent complèment.

La cour

Le comportement magique que nous appelons la cour est loin d'être facile à expliquer (et sans doute encore moins chez notre propre espèce). Il engage des rapports étroits et des parades entre mâles et femelles qui résultent en une sorte de liaison ou d'entente mutuelle formant des couples. Chez les oiseaux migrateurs, les femelles arrivent dès que les mâles ont établi leur territoire; la cour commence peu de temps après, les partenaires se choisissent et forment des couples. Une fois appariés, le mâle et la femelle sont davantage synchronisés dans leurs activités et ont tendance à demeurer ensemble alors qu'ils se déplacent sur leur territoire.

La construction du nid

La construction du nid commence habituellement peu après que la cour est terminée. Chez la plupart des espèces, la femelle construit le nid et souvent, le mâle la suit pendant qu'elle réunit les matériaux. Chez certaines espèces comme le Troglodyte familier, le mâle peut construire la base et la femelle ajoute la garniture. Chez d'autres, tel le Jaseur d'Amérique, le nid est construit par les deux partenaires. Il faut quelques jours à une semaine pour construire le nid.

L'accouplement et la ponte

Pour s'accoupler, le mâle monte sur le dos de la femelle et abaisse sa queue alors qu'elle lève la sienne. Leurs ouvertures anales ou cloaques entrent en contact occasionnant le transfert du sperme. Après quelques secondes, le mâle descend du dos de la femelle.

La femelle pond un œuf par jour, habituellement tôt le matin. Les plus petites espèces pondent entre quatre et six œufs. Les oiseaux passent généralement peu de temps au nid jusqu'à ce que la plupart des œufs soient pondus.

L'incubation

L'incubation débute le jour avant la ponte du dernier œuf de la couvée, sans doute pour que tous les œufs éclosent le même jour. Chez la plupart des espèces, seule la femelle couve. Des vaisseaux sanguins additionnels se forment au niveau de sa poitrine et elle peut aussi perdre quelques plumes. Cette région est semblable à un petit coussin chauffant qui garde les œufs au chaud. Pendant cette période, le mâle peut apporter de la nourriture à la femelle ou garder le nid pendant qu'elle se repose et se nourrit. L'incubation dure dix à douze jours pour les petits oiseaux.

La période au nid

Une fois les œufs éclos, le nid regorge d'activités alors que les oisillons appellent leurs parents qui doivent faire des voyages répétés pour apporter de la nourriture. Les oisillons demeurent au nid et sont nourris par leurs parents. Pendant leurs premiers jours au nid, les oisillons doivent être «couvés» car ils n'ont pas de plumes et ne peuvent garder leur chaleur. Ils auront bientôt des plumes et n'auront plus besoin d'être couvés. Cette période dure environ dix jours.

La période juvénile

Après avoir quitté le nid, les oisillons sont encore dépendants de leurs parents pour la nourriture. Il arrive souvent qu'ils s'assoient et crient sans arrêt et les adultes peuvent les nourrissent moins souvent que lorsqu'ils étaient couvés, mais les portions sont plus grosses. Petit à petit, les juvéniles deviendront autonomes quant à la nourriture. Cette période se termine parfois brusquement lorsque les adultes deviennent agressifs envers leurs rejetons et les chassent. Cette période dure d'une à plusieurs semaines.

La migration

La migration d'automne est toujours fascinante. Les populations sont plus nombreuses juste avant la migration à cause des oisillons nés au cours de l'été. La migration commence généralement une fois la mue terminée. Les oiseaux qui ne migrent pas restent dans la région où ils ont été élevés ou ils vont là où la nourriture est plus abondante.

L'hiver, la plupart des couples se tiennent moins ensemble et ce, jusqu'à la prochaine saison de reproduction. Voir «Comportement social» à la page 20 pour de plus amples détails sur cette question.

La durée de vie des oiseaux

La période la plus difficile de la vie d'un oiseau est sa première année, car il a tellement à apprendre. S'il passe au travers, il a de bonnes chances de vivre pendant plusieurs autres années. Néanmoins, la durée moyenne de vie de la plupart des petits oiseaux de vos mangeoires est de deux à cinq ans. Les plus grands, comme les corneilles, peuvent vivre dix ans et plus.

Trois becs affamés; pendant cette période au nid, les parents cardinals apportent la nourriture à leurs petits.

QUESTIONS FRÉQUENTES SUR QUATRE COMPORTEMENTS

Au fil des ans, nous avons écouté les commentaires de milliers de gens sur le comportement d'oiseaux qu'ils avaient observés. Comme certaines questions sur le comportement revenaient souvent, nous avons décidé de répondre à quatre des plus fréquentes.

Pourquoi cet oiseau picore-t-il dans ma fenêtre ?

Beaucoup de gens ont vu, jour après jour, des cardinals, des merles, des mésanges bicolores ou d'autres espèces d'oiseaux, picorer leurs fenêtres ou leurs rétroviseurs d'auto, souvent au même endroit et ce, habituellement au printemps et à l'été.

Explication : l'oiseau voit la réflexion de ce qu'il croit être un autre oiseau de son espèce et de son sexe et y réagit de façon agressive. Cela se produit habituellement pendant la saison de la reproduction alors que les oiseaux défendent partenaires et territoire. Si vous éliminez la réflexion, les oiseaux cesseront de cogner.

Pourquoi les pics tambourinent-ils sur ma maison ?

Les propriétaires se plaignent souvent des longues séries de coups de becs rapides des pics sur le côté de leur maison, sur la gouttière ou sur l'antenne de télévision. Ils sont dérangés par le bruit, craignent que le pic ne démolisse leur maison et se demandent si l'oiseau est attiré par des insectes qui se trouveraient à l'intérieur.

Explication : lorsque les pics chassent des insectes, ils frappent à un rythme irrégulier, de façon généralement peu bruyante afin de percer un trou dans le bois. Si c'est le cas, vérifiez l'endroit où le pic cogne et regardez s'il y a des insectes.

Si le pic cogne fort et par volées rapides, il tambourine. Le tambourinage représente pour le pic l'équivalent du chant pour d'autres oiseaux. Il annonce le territoire et peut attirer un partenaire. C'est aussi la façon pour le mâle et la femelle de prendre contact. Les oiseaux choisissent des lieux où il y a une résonance pour cogner et continuent de le faire jusqu'à la fin de la saison de reproduction. Le bois ne sera pas percé et aucun dommage ne sera causé à votre maison, mais vous serez tiré du lit tôt le matin. Le tambourinage cessera dès le début de la période de reproduction. Vous pouvez recouvrir d'un chiffon ou d'un linge l'endroit où le pic cogne afin d'assourdir le bruit.

Pourquoi les moqueurs soulèvent-ils et abaissent-ils leurs ailes de façon mécanique et itérative ?

Ces mouvements surviennent le plus souvent quand les oiseaux sont au sol.

Explication : à ce jour, nous n'avons aucune réponse précise concernant cette habitude fréquente chez les moqueurs mais mentionnons les deux théories suivantes. Ces mouvements font peut-être bouger les insectes qui deviennent des proies plus faciles pour le moqueur en train de se nourrir au sol. Il peut s'agir d'une manifestation d'agressivité dirigée vers un autre moqueur et précédant probablement une attaque. Nous avons observé ce comportement à l'automne quand plusieurs jeunes moqueurs passaient par des territoires déjà occupés par des moqueurs adultes.

Pourquoi les oiseaux prennent-ils des fourmis ou d'autres matériaux pour lisser leurs plumes ?

Lors de ce comportement, surprenant mais rarement observé, l'oiseau peut s'asseoir sur un nid de fourmis ou prendre des mégots de cigarettes ou de la naphtaline et les utiliser pour lisser ses plumes.

Explication : il s'agit d'un comportement complexe qu'on pourrait appeler «formicage» parce qu'il implique surtout des fourmis. Il semble que ce procédé aide à entretenir les plumes et/ou la peau des oiseaux. Les produits chimiques secrétés par les fourmis ou présents dans d'autres matériaux peuvent aider les oiseaux à éliminer les parasites de leurs plumes, ou encore à adoucir la peau pendant que les nouvelles plumes poussent.

Pic à ventre roux femelle. Les pics tambourinent souvent sur les maisons pour signaler leur présence aux autres pics.

LES OISEAUX

COMMENT IDENTIFIER VOS OISEAUX

Ce guide a été conçu pour vous aider à identifier les oiseaux qui fréquentent vos mangeoires. Nous avons inclus toutes les espèces susceptibles de fréquenter régulièrement les mangeoires d'une grande portion du continent nord-américain. Au-dessous de la description du comportement de chaque espèce, apparaît une photographie de l'oiseau et un texte donnant les caractères d'identification les plus révélateurs de l'espèce. Une carte de distribution décrit l'aire d'hivernage de chaque espèce (indiqué par des lignes diagonales sur fond blanc) ainsi que l'aire estivale ou de nidification (indiqué par des zones ombragées). Les régions marquées de lignes diagonales sur fond sombre sont les lieux où l'oiseau vit à l'année.

L'identification d'un oiseau nécessite observation et écoute. Tous peuvent apprendre à reconnaître les oiseaux et vous vous améliorerez avec la pratique. Si vos mangeoires sont loin de votre maison, utilisez des jumelles. En fait, peu importe que les oiseaux soient près ou loin, nous prenons des jumelles, car il est merveilleux de pouvoir observer leur beauté sous tous ses aspects.

COMMENT OBSERVER UN OISEAU

La première chose à faire pour identifier un oiseau est d'observer son corps :

1. Notez sa taille. Est-il petit comme un bruant ? De taille moyenne comme un merle ? Est-il grand comme un quiscale ?
2. Observez les couleurs de sa poitrine, de ses ailes et de sa queue. Sa couleur est-elle uniforme ? Sa poitrine, ses ailes ou sa queue ont-elles des taches de couleurs voyantes ? Sa poitrine affiche-t-elle des rayures de différentes couleurs?

Observez ensuite sa tête :

1. Regardez la forme et les couleurs de sa tête. Est-elle d'une seule couleur ? Est-elle irisée ? Son œil est-il rayé ? Sa tête a-t-elle une forme particulière ? L'oiseau a-t-il une huppe ?
2. Regardez la forme et la couleur de son bec. Est-il long ou court ? Conique ou étroit ? Est-il d'une seule couleur?

L'erreur la plus fréquente des débutants est de ne pas noter suffisamment d'indices quand l'oiseau est en vue. Ils se précipitent sur leur guide d'identification et s'aperçoivent qu'ils n'ont pas assez observé l'oiseau pour pouvoir le reconnaître dans le guide et alors, ils se hâtent pour revoir l'oiseau mais en vain, car il est déjà parti.

La première chose à faire quand vous voyez un oiseau est donc de prendre le temps de le surveiller et de noter tous les indices vous permettant de l'identifier. Essayez de vous souvenir des détails de l'oiseau en les répétant mentalement pendant que vous l'observez. Puis, utilisez votre livre pour l'identification.

Vous pouvez aussi identifier un oiseau par élimination. Le fait de pouvoir dire de quelles espèces il ne fait pas partie peut vous aider à l'identifier.

Pendant vos moments libres, consultez les photographies des oiseaux de cet ouvrage et essayez de mémoriser les caractéristiques de chaque espèce. Ainsi, vous vous familiariserez avec les différentes espèces et vous pourrez les identifier à vue lorsqu'ils viennent à vos mangeoires. En reconnaissant les oiseaux les plus communs, vous serez plus vigilant face aux espèces plus rares qui se présentent.

Une fois que vous aurez identifié un oiseau, continuez à trouver d'autres façons de le reconnaître; regardez les endroits où il mange, comment il vole, son interaction avec les autres oiseaux et écoutez les sons qu'il émet. Tous ces facteurs vous aideront à identifier encore plus sûrement les oiseaux.

UN MOT CONCERNANT LES JUMELLES

Pour l'achat de jumelles, l'observateur d'oiseaux n'a que l'embarras du choix. Voici quelques conseils judicieux.

Vous devez d'abord tenir compte de deux séries de numéros sur une paire de jumelles. La première est située près des lentilles et comprend des nombres comme 7 X 35. Le premier – 7,5 – représente la puissance de grossissement; pour pouvoir bien observer les oiseaux, celle-ci devrait être entre 7,5 et 8,5. Le deuxième nombre – 35 – représente le diamètre de la plus grosse lentille et indique la quantité de lumière admissible, ce qui influe sur la qualité de vision. Un nombre entre 35 et 50 est acceptable.

La deuxième série de chiffres, également inscrite près des lentilles, donne le champ de vision (grand angle) des jumelles. L'indication (180 m/1 000 m), signifie que votre champ de vision sera de 180 mètres de largeur à une distance de 1 000 mètres. Cette indication est souvent donnée selon le degré (°) du cercle visible à une distance de 1 000 mètres, par exemple 5°. Les jumelles possédant un degré supérieur à 7° sont considérées bonnes pour l'observation des oiseaux.

Vos jumelles doivent aussi avoir un bouton central réglable et être légères pour plus de confort.

LE CARDINAL ROUGE

Cardinalis cardinalis

Origine de son nom

Le mot *cardinalis,* du latin *cardo,* gond, pivot, signifie littérairement «qui sert de pivot, de centre» et fit référence plus tard aux prélats membres du Saint Collège. Il devint finalement le nom de l'oiseau par association à la couleur rouge clair de la robe des cardinaux.

Comment attirer le Cardinal rouge

Si votre jardin offre un environnement approprié, vous devriez pouvoir attirer le Cardinal rouge. Habituellement, il aime les aires ouvertes plantées d'arbres et d'arbrisseaux à baies. Le cardinal construit son nid dans des buissons, de petits arbres ou des vignes à une hauteur variant de 1,2 à 1,5 mètre. Il passe aussi la nuit dans ces broussailles. Ses plantes favorites sont entre autres, le chèvrefeuille, les conifères, le troène et les rosiers floribundas.

Le cardinal préfère les mangeoires munies d'un plateau ou d'une plate-forme, mais s'alimente aussi de graines répandues sur le sol. Il préfère les graines de tournesol, le maïs concassé et le millet blanc, mais il accepte les graines de citrouille, l'alpiste, l'avoine et les noix. Quand il mange le tournesol, il manipule la graine avec sa langue jusqu'à ce que son puissant bec l'ouvre, puis il rejette la coque et avale la graine.

Un magnifique duo

Un matin, au début du printemps, nous avons été réveillés par un chant magnifique venant de notre jardin. En tendant l'oreille, nous avons réalisé que c'était là un duo. Un des oiseaux chantait une série de phrases musicales et l'autre répétait exactement les mêmes phrases. Cela ressemblait à «ouâit, ouâit, ouâit . . . ouâit, ouâit, ouâit . . . ouat-tiou, ouat-tiou, ouat-tiou . . . ouat-tiou, ouat-tiou, ouat-tiou, ouat-tiou.»

Nous savions que c'était des cardinals, mais comme les mâles et les femelles peuvent chanter, nous ignorions s'il s'agissait d'un couple apparié ou de deux oiseaux du même sexe. S'il est exécuté par un mâle et une femelle, ce chant fait partie de la

Cardinal rouge, femelle adulte. Oiseau de taille moyenne ayant une huppe, un corps brun chamois ou olive chamois, des ailes et une queue rougeâtres et un bec rouge vif.

Cardinal rouge, juvénile. Il ressemble à la femelle adulte, mais possède un bec variant entre le gris et le noir plutôt que rouge comme l'adulte.

Cardinal rouge, adulte mâle. Oiseau de taille moyenne entièrement rouge arborant une huppe et une tache noire autour de son bec rouge.

Carte de répartition du Cardinal rouge

parade amoureuse et renforce les liens entre les partenaires. Émis par deux oiseaux du même sexe, cela veut dire que chacun défend son territoire.

Les cardinals de régions différentes peuvent utiliser des phrases différentes. Ainsi, le chant du cardinal vivant en Ontario diffère de celui qui vit au Québec. Les oisillons apprennent à chanter auprès des adultes de leur région. Étant donné que les cardinals voyagent peu, il n'est pas étonnant que les oiseaux d'une région chantent de la même façon.

En groupes, par couples ou solitaires ?

Pendant la saison de reproduction – depuis la mi-printemps et au cours de l'été – des oiseaux solitaires ou des couples visiteront vos mangeoires. Les cardinals se regroupent souvent l'hiver, et demeurent dans des régions où la nourriture est abondante jusqu'au début de la saison de reproduction. Les volées, composées de mâles et de femelles, peuvent compter jusqu'à cinquante oiseaux et plus. Dans les régions plus au Nord où le Cardinal rouge s'est récemment installés, les regroupements d'hiver sont plus rares car les populations sont encore faibles.

Nourrir pour conquérir

Le mâle domine habituellement la femelle aux mangeoires durant la majeure partie de l'hiver. Il change soudainement d'attitude lorsqu'il entreprend sa cour, qui dure de la fin de l'hiver jusqu'au milieu de l'été. Vous pourrez apercevoir le mâle prendre un morceau de nourriture, aller vers la femelle et placer le morceau dans son bec. Ce rituel, qui fait partie de la parade amoureuse, constitue un bon indice que les oiseaux sont appariés et prêts à entamer la saison de la reproduction.

Exemple de carnet d'observation

20 mai, 9 h. Le couple de cardinals niche dans un smilax tout près de l'endroit où ils ont niché il y a deux ans. La femelle couve quatre œufs. Le mâle va chercher des graines de tournesol à la mangeoire, revient près de sa compagne et chante doucement. Elle sort du nid et il la nourrit.

LES MÉSANGES

La Mésange à tête noire / *Parus atricapillus*
La Mésange de Caroline / *Parus carolinensis*

Un favori de nos mangeoires

Les mésange sont parmi les oiseaux de mangeoires les plus appréciés en Amérique. Lors des jours les plus rudes de l'hiver, leur présence nous réjouit.

Les mésanges sont remarquables pour leur structure sociale qui est l'une des plus complexes parmi les oiseaux de nos mangeoires et pour leur répertoire de cris, le plus riche de la gent ailée. En effet, plus une structure sociale est complexe, plus le registre de communication doit être étendu.

Chants et cris des mésanges

Les mésanges émettent plus de quinze sons divers, mais voici les plus fréquents.

Tchic-a-di-di-di – souvent émis quand elles sont dérangées ou qu'un oiseau est séparé du reste du groupe. Cri émis toute l'année.

Tsit – Un cri doux, court et aigu émis entre couple ou entre membres d'un même groupe afin de rester en contact. Émis toute l'année.

Fi-bi – sifflement de deux notes, dont la seconde est plus grave, émis par la Mésange à tête noire mâle. Chez la Mésange de Caroline mâle, ce chant comprend quatre notes *fi-bi fi-bé*. Ce chant sert à déterminer leur territoire et à attirer les femelles.

... à tête noire ou de Caroline ?

En consultant les cartes de distribution vous verrez que les Mésanges à tête noire et de Caroline vivent toutes deux dans certaines régions des états du moyen Atlantique. Pour ceux qui habitent ces régions, il est possible de savoir comment distinguer les deux espèces. Le meilleur indice est que le chant du mâle diffèrent énormément chez les deux espèces.

Il est difficile de les distinguer l'une de l'autre simplement en les voyant. La Mésange à tête noire est un peu plus grosse, a une queue plus longue et plus de blanc sur le bord des plumes de ses ailes.

Les volées de mésanges

De mars à août, les mésanges vivent en couples sur un territoire d'environ 4 hectares. Une fois la saison de nidification terminée, en août, elles se rassemblent en groupes de six à dix. Ces groupes se composent d'adultes qui se sont accouplés dans la région et de jeunes oiseaux venus d'ailleurs.

Chaque groupe occupe un territoire de 8 hectares environ et le défend, chassant les autres groupes de mésanges qui s'y aventurent. Si votre mangeoire est sur un territoire de mésanges, vous verrez les mêmes oiseaux du mois d'août au mois de mars. Si une mangeoire est située à la limite de deux territoires, la rencontre des deux groupes donnera lieu à de nombreuses poursuites et à des cris de semonce.

Mésange à tête noire. C'est un petit oiseau caractérisé par une bavette et un capuchon noirs et des joues blanches. Le mâle et la femelle sont identiques.

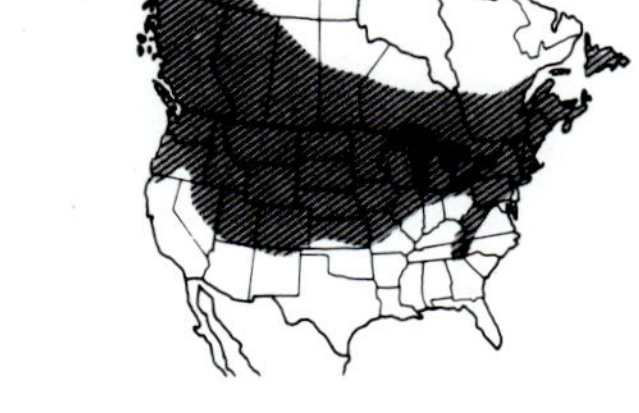

Carte de répartition de la Mésange à tête noire

Les groupes ne comprennent pas le même nombre d'individus. En comptant le nombre d'oiseaux dans un certain groupe, vous pouvez découvrir combien vous avez de groupes. La meilleure façon de compter le nombre d'oiseaux d'un groupe est d'attendre le moment où ils traversent une aire ouverte, car ils ont tendance à passer un par un.

Au printemps, les couples dominants du groupe se reproduisent dans l'aire d'hivernage; les autres sont chassés et doivent aller se reproduire ailleurs.

Parade amoureuse des mésanges

À un moment donné, vous verrez une mésange près de la mangeoire agiter soudainement ses ailes, se pencher vers l'avant et lancer un cri particulier ressemblant à *ti-chip ti-chip*. Au printemps, c'est la femelle adulte qui émet ce cri, et en réponse, le mâle lui apporte de la nourriture qu'il dépose dans son bec. Du milieu à la fin de l'été, les oisillons reproduisent ces mêmes gestes alors qu'ils réclament de la nourriture en appelant leurs parents. Étant donné que la femelle semble dominer le mâle lorsqu'elle se fait nourrir et qu'il en va de même pour les oisillons envers leurs parents, certains chercheurs disent qu'il s'agit d'un comportement quémandeur.

Les mésanges aux mangeoires

Après avoir cueilli une graine à la mangeoire, la mésange s'envole vers un perchoir pour la manger et revient en prendre une autre. Elle transporte habituellement la graine dans son bec et la tient avec la patte pendant qu'elle la picore. À l'état sauvage, elle se nourrit de petites graines et d'insectes.

Les mésanges se présentent aux mangeoires une à une pendant que les autres attendent leur tour, parce que chaque volée a établit sa hiérarchie au cours de l'hiver, et que l'oiseau dominant a la permission de manger le premier; il peut même arriver à la mangeoire et déloger un oiseau de rang inférieur.

Les mésanges sont d'étonnants acrobates qui peuvent de se tenir à l'envers sur les brindilles les plus fragiles. Cette faculté leur permet de se nourrir d'insectes se trouvant à l'extrémité des branches et de les dénicher sous les branches lorsque le dessus est couvert de neige.

Des mésanges en loques

À la fin de l'été, il est possible que vous aperceviez des mésanges à l'air piteux. Ce sont des adultes en train de muer et dont les plumes se sont usées à force

Mésange à tête noire vérifiant si cette cavité de l'arbre peut servir de nid.

Carte de répartition de la Mésange de Caroline

d'entrer et de sortir du nid pour nourrir les petits. Il se peut aussi que vous voyiez au même moment des mésanges avec de belles plumes et une poitrine blanche. Ce sont habituellement de jeunes oiseaux nés au cours de la saison et qui ont déjà atteint la taille adulte.

Exemple de carnet d'observation

30 avril, 10 h 30. Nous avons observé un couple de mésanges creuser un nid au sommet de la souche pourrie d'un bouleau gris de 60 cm dans notre boisé. Plus tôt ce matin, alors que notre fils débroussaillait, il a accidentellement échappé des branches sur la souche, et elle est tombée. Nous avons décidé de l'attacher avec de la corde et de la redresser. Les mésanges criaient d'impatience, mais quelques minutes après que la souche fut en place, elles ont continué à creuser comme si de rien n'était ! Leur couvée a été couronnée de succès.

LE VACHER À TÊTE BRUNE

Molothrus ater

L'oiseau garde-buffle

Avant le déboisement des vastes forêts de l'Amérique du Nord, le territoire du vacher côtoyait celui des troupeaux de buffles qui sillonnaient les grandes plaines de l'Ouest. Il semble que les vachers suivaient les troupeaux durant tout l'été, se nourrissant des insectes soulevés par le piétinement des buffles, ainsi que des tiques et autres parasites sur le dos des bêtes. Ils suivaient peut-être aussi les hardes de cerfs et d'antilopes des mêmes régions.

Plusieurs facteurs peuvent avoir modifié l'aire de répartition des vachers. Tout d'abord, on a clôturé de vastes régions de l'Ouest, pour restreindre les déplacements des hardes sauvages. On a de plus introduit des troupeaux de bovins qui offraient aux vachers la nourriture de la même façon que les hardes sauvages. Enfin, le déboisement vers l'est pour pouvoir y élever des vaches et des bœufs a sans doute permis au vacher d'étendre son territoire à l'ensemble du pays.

Comment distinguer le mâle, la femelle et le juvénile

Le mâle et la femelle ne se ressemblent pas. Le mâle a une tête brune, mais le reste de son corps, ses ailes et sa queue sont noirs avec un chatoiement lustré verdâtre. La femelle a un plumage gris brun presque uniforme avec des ailes et une queue légèrement plus foncées. Le juvénile ressemble à la femelle mais a des rayures brunes sur la poitrine.

Le vacher appartient à la famille des Ictéridés qui comprend les carouges, les quiscales, les orioles, les sturnelles et le goglu. La forme de son corps est semblable à celle de ses cousins, mais son bec est beaucoup plus court et plus conique.

Comportement aux mangeoires

La prochaine fois qu'un petit groupe de vachers visitera votre mangeoire au sol, prenez le temps de les observer et vous pourrez sans doute déceler quelques exemples de leur langage. Ils se tiennent habituellement loin l'un de l'autre, mais si un oiseau s'approche trop, ils hérissent leurs plumes, soulèvent leurs ailes et avancent la tête en direction de l'intrus, ce qui fait reculer ce dernier. S'ils sont à une certaine distance, les oiseaux peuvent brièvement pointer le bec en l'air afin de régler la dispute territoriale. Cette inclinaison du bec semble être une façon de désigner quel est l'oiseau dominant, les autres oiseaux s'éloignent alors un peu.

Si vous voyez un groupe de mâles et de femelles à vos mangeoires, vous pourrez peut-être observer la parade amoureuse du vacher. Les mâles rivalisent entre eux pour déterminer celui qui aura le privilège de courtiser la femelle. Pour ce faire, ils utilisent une inclinaison du bec et un autre mouvement où le mâle hérisse ses plumes, arque son cou, étend ses ailes et semble tomber en avant pendant qu'il livre son chant qui ressemble à *gloug-gloug-glîî.* L'oiseau peut alors frotter vigoureusement son bec de l'avant à l'arrière sur le sol ou sur un perchoir. Ce comportement amoureux commence dès l'arrivée des vachers au printemps et continue jusqu'à la mi-juin.

Les difficultés d'être un parasite des nids

Le Vacher à tête brune ne construit pas son propre nid; il pond ses œufs dans les nids d'autres oiseaux et laisse d'autres parents élever ses petits. Il est donc qualifié de parasite. Cette pratique semble bien servir le vacher et on peut se demander pourquoi il n'y a pas plus d'espèces qui l'imitent et comment il se fait que nous ne sommes pas envahis par les vachers.

Ce n'est pas aussi simple que ça en a l'air. Tout d'abord, la femelle doit trouver des nids d'autres oiseaux au moment même où ces oiseaux pondent leurs œufs pour pouvoir enlever un des œufs et y pondre le sien. À l'instar des autres oiseaux, elle pond un œuf par jour et elle doit donc trouver quatre à cinq nids déjà construits afin d'y déposer ses œufs. Par ailleurs, plusieurs oiseaux peuvent reconnaître un œuf de vacher quand il est pondu dans leur nid et ils peuvent ou l'enlever, ou abandonner le nid ou construire un autre nid par-dessus celui-ci. Ainsi, les

Un couple de Vachers à tête brune. C'est un oiseau de taille moyenne de couleur foncée. Le mâle a la tête brune et le corps noir chatoyant; la femelle est toute grise sans taches.

Carte de répartition du Vacher à tête brune

vachers connaissent un faible taux de succès avec leurs œufs. On a calculé qu'une femelle pond quelque quarante œufs par saison et que seulement deux ou trois oisillons parviennent à l'âge adulte.

Cette habitude de pondre dans les nids d'autres oiseaux vient peut-être de l'époque où les vachers suivaient les hardes sauvages et n'avaient pas le temps de construire leur nid et d'élever leurs petits.

Quel est le sort d'un bébé vacher ?

Si un œuf de vacher est déposé dans un nid et que les parents adoptifs ne le remarquent pas, l'oisillon a de bonnes chances de survie. Il nait habituellement un peu plus tôt que les autres œufs et grandit très rapidement pendant les premiers jours. Ces deux facultés lui donnent un avantage sur les autres petits, car il est plus gros et capable d'obtenir plus de nourriture, ce qui ralentit la croissance des autres oisillons. Il arrive souvent qu'un petit vacher expulse un des oisillons hôtes hors du nid et que ce dernier meurt.

Les parents nourrissent le petit vacher comme s'il était le leur, bien qu'il soit plus gros et différent de leurs propres rejetons. Le vacher est habituellement le premier à quitter le nid et à être nourri à l'extérieur par ses parents adoptifs. Il est plutôt surprenant de voir une Paruline jaune adulte nourrir un oisillon qui est deux fois plus gros qu'elle. On ignore toutefois comment le petit vacher réussit par la suite à rejoindre ceux de son espèce.

Les volées de vachers

Les vachers se réunissent habituellement en groupes, petits ou grands, selon la saison. À l'automne et au printemps, quand ils s'apprêtent à migrer, c'est en grands groupes qu'ils se nourrissent dans les champs. La nuit, ils se regroupent dans de grands dortoirs communs composés souvent de milliers d'oiseaux de différentes espèces : Carouges à épaulettes, Quiscales bronzés et Quiscales rouilleux. Durant l'été, ils peuvent encore se rendre à des dortoirs communs qui sont toutefois moins importants et composés de quelques centaines d'oiseaux seulement.

Exemple de carnet d'observation

12 mai, 15 h. Plusieurs vachers mâles ont atterri à la mangeoire au sol et paradent l'un devant l'autre. Ils paradent avec le bec pointé, au point de ne pas avoir le temps de manger. Ils viennent de s'envoler vers le sommet d'un arbre et font maintenant leurs culbutes plutôt comiques car à tout moment, on a l'impression qu'ils vont tomber des branches. Chaque oiseau termine sa parade en frottant plusieurs fois son bec sur la branche.

LA CORNEILLE D'AMÉRIQUE

Corvus brachyrhynchos

Observation des corneilles

Les corneilles sont parmi les oiseaux de mangeoires les plus méfiants. Posées dans des arbres avoisinants, elles examinent les alentours avant d'atterrir à une mangeoire au sol. Pendant que certaines corneilles mangent, quelque-unes restent dans les arbres, faisant peut-être le guet. Sans aire ouverte autour de la mangeoire, les corneilles peuvent éviter d'y venir.

Les corneilles ne sont pas difficiles mais elles préfèrent le maïs concassé et les graines de tournesol. À l'état sauvage, elles se nourrissent de graines, d'insectes, de fruits, de vers de terre, et de déchets.

Observer le comportement de la corneille

L'observation de leur comportement est l'une de nos activités préférées. Pendant presque toute l'année, les corneilles semblent vivre en petits groupes de quatre à sept individus. Selon des études récentes, il s'agirait de parents, accompagnés d'oisillons de l'année précédente ou même d'avant. Chacun de ces groupes doit parfois défendre son territoire contre d'autres groupes, surtout au printemps lorsque débute la saison de nidification. Les corneilles deviennent agressives, se pourchassent dans les airs et en groupe, elles volent en cercles au-dessus d'un autre groupe.

Au sol, elles peuvent exécuter plusieurs autres parades : l'une d'entre elles consiste en un croassement accompagné d'un fléchissement exagéré de la tête et du corps, les ailes partiellement ouvertes; un frottement du bec de l'avant à l'arrière sur une branche; une agitation répétée des ailes et de la queue. Tous ces gestes peuvent survenir à d'autres moments, mais lorsqu'ils sont simultanés, ils peuvent exprimer l'agressivité d'une corneille envers une autre.

Les habitudes des corneilles

Tous les après-midi d'hiver, les corneilles de notre région s'envolent dans la même direction et reviennent tôt le lendemain matin. Un hiver, nous avons voulu savoir où elles allaient et nous les avons suivies en auto, tâche difficile car elles zigzaguaient à travers des routes de campagne. Après plusieurs kilomètres, elles ont rejoint d'autres corneilles et à chaque kilomètre de plus, d'autres corneilles s'ajoutaient au groupe. Après 32 km de route, nous les avons vues se diriger vers un centre commercial. Arrivés au stationnement du centre, nous sommes sortis de l'auto et avons surveillé. Nous avons alors vu des milliers de corneilles venant de trois directions différentes. Elles se sont posées au sommet des arbres; à la tombée du jour, elles ont rejoint une pinède de quelque 0,20 hectare. C'était là leur dortoir, et curieusement, une fois installées, il devint difficile de voir ou d'entendre un seul oiseau.

Ces voyages aux dortoirs sont typiques aux corneilles en automne et en hiver. Elles partent dans le courant de l'après-midi, parcourent un trajet précis, font une courte pose à des «pré-dortoirs», où elles rejoignent d'autres groupes, pour ensuite gagner leur dortoir. Les dortoirs communs sont habituellement situés dans des endroits protégés densément plantés de conifères ou de feuillus. Ces dortoirs peuvent être urbains ou ruraux et les corneilles peuvent couvrir des distances allant jusqu'à 80 km pour y parvenir.

Les dortoirs communs peuvent recevoir quelques centaines à quelques milliers de corneilles. Dès l'aube, les corneilles partent, pour retourner là où elles ont l'habitude de se nourrir pendant le jour.

Les chercheurs et observateurs d'oiseaux continuent à s'interroger sur le pourquoi des dortoirs. Pour répondre à cette question, il faudra une sérieuse étude du comportement des corneilles aux dortoirs. Le chapitre sur l'Étourneau sansonnet en page 72 présente quelques théories à ce sujet.

Déceler la présence de buses ou de chouettes

Une des meilleures façons de déceler la présence d'une buse ou d'une chouette est d'observer le comportement des corneilles. Si vous entendez plusieurs corneilles lancer des croassements rauques, et que vous les voyez plonger vers le haut d'un arbre, il y a peut-être là une buse ou une chouette. Les corneilles ont l'habitude de houspiller ces rapaces. L'agression peut durer de cinq à dix minutes avant que l'oiseau de proie aille se poser ailleurs. Dès qu'il s'envole, les corneilles le poursuivent, foncent vers lui au vol et continuent de croasser. Elles s'arrêtent généralement au bout de dix ou quinze minutes, mais elles peuvent revenir plus tard et poursuivre leur harcèlement.

On ne sait pouquoi elles agissent ainsi. Certaines buses et chouettes attrapent parfois des corneilles pour les manger et ce genre de harcellement dissuade peut-être ces rapaces de s'établir dans un territoire de corneilles. Mais les dommages sont généralement minimes et l'oiseau de proie ignore les corneilles. Certains pensent que les oisillons apprennent ainsi à reconnaître leurs prédateurs. Les Geais bleus, appartiennent à la même famille que les corneilles, et ils harcèlent eux aussi les oiseaux de proie.

Un nicheur discret

Une fois, un couple de corneilles a construit un nid à 18 m de notre maison, mais nous ne l'avons su que lorsque les oisillons ont commencé à crier pour avoir de la nourriture. La corneille est si discrète autour de son nid qu'il est même difficile de la voir le construire. Elle choisit souvent la cime dun conifère, ce qui la rend peu visible.

Le meilleur moment pour découvrir un nid est lorsque les oisillons de quelques jours commencent à crier quand les parents leur apporte à manger. À mesure qu'ils grandissent, ils deviennent de plus en plus bruyants. Quand ils sont nourris, leurs croassements se changent en sons désordonnés comme s'ils s'étranglaient. Ces appels se poursuivent jusqu'à l'été, après quoi l'oisillon devient autonome.

Exemple de carnet d'observation

10 juin, 10 h. Les corneilles criaillaient dans le bois et lorsque nous avons regardé par la fenêtre, nous avons vu qu'un Épervier de Cooper fonçait sur la mangeoire. C'était un juvénile et il ne semblait pas très habile à capturer les oiseaux. Les corneilles et les autres oiseaux semblaient le savoir car ils continuaient de manger comme si de rien n'était.

18 décembre, 6 h 30. Nous avons deux volées de corneilles sur notre terrain et elles demeureront séparées durant tout l'hiver. L'une comprend sept oiseaux et l'autre cinq. Ils viennent à la mangeoire au sol chaque matin, croassent, se pourchassent et rivalisent pour la dominance à la mangeoire. Les deux groupes ne mangent jamais en même temps.

Corneille d'Amérique. C'est un grand oiseau tout noir avec un large bec et un œil sombre. Le mâle et la femelle sont identiques.

Carte de répartition de la Corneille d'Amérique.

LE GROS-BEC ERRANT

Coccothraustes vespertinus

Répartition en pleine expansion

Le Gros-bec errant était peu connu jusque vers 1850, car il vivait principalement dans l'Ouest. En 1854, on en vit quelques-uns à Toronto. Leurs populations augmentèrent graduellement dans le nord du Midwest américain, et dès 1887, leur présence fut signalée en Ontario, en Indiana et au Kentucky. Une grande expansion vers l'est survint au cours de l'hiver de 1889-1890 et les gros-becs atteignirent la côte du Massachusetts. Ils étendirent aussi l'aire de leurs sites de nidification.

Cette expansion est en partie due à la plantation massive de l'érable négundo, aussi appelé érable à Giguère qui produit une profusion de fruits (samares) dont le gros-bec errant raffole. L'installation d'un plus grand nombre de mangeoires pour graines de tournesol en serait une autre raison.

Un visiteur irrégulier

Les gens sont souvent étonnés du comportement du gros-bec errant, qui une année prolifère aux mangeoires, et l'année suivante se fait discret. Il ne faut pas oublier que des oiseaux différents ont des habitudes hivernales et des structures sociale différentes souvent reliées à leur source de nourriture. Ainsi, vous pouvez voir un couple de sittelles à votre mangeoire à l'année longue parce qu'elles vivent dans un territoire fixe et mangent les insectes des arbres. Il y a assez de nourriture pour faire vivre un couple toute l'année. De son côté, le Gros-bec errant demeurent en groupes et se nourrit de fruits ou de graines d'arbres dont la production varie d'une année à l'autre et d'une région à une autre, ce qui l'empêche de se fixer à un endroit en particulier. Le gros-bec doit se déplacer continuellement afin de profiter des endroits où les graines et fruits abondent.

Osberver les gros-becs aux mangeoires

Les gros-becs préfèrent les graines de tournesol, mais ils mangent plusieurs autres graines, bourgeons et fruits. Ils mangent les samares des érables avec une dextérité surprenante : ils broient le fruit entre les deux mandibules de leur bec, pour extraire la coque pendant que l'enveloppe ailée tombe au sol. Ils mangent les fruits de plusieurs autres arbres dont l'érable à sucre, divers pins et le tulipier, ainsi que les bourgeons des ormes et d'autres arbres et arbustes. Quand ils man-gent des cerises, on peut les entendre croquer les noyaux avec leurs puissantes mandibules. Ils man-gent de la neige ainsi que la sève des arbres et sont attirés par le sel utilisé sur les routes (calcium) et qui reste sur les cailloux et le sable après l'hiver.

Un bec qui change de couleur

Le plumage de la tête du Gros-bec errant est si exceptionnel que l'un de nos amis le compare à un casque spatial et a donné à cet oiseau le nom de cadet de l'air. Certains disent qu'il ressemble à un énorme Chardonneret jaune.

Un phénomène étonnant survient au printemps : son bec passe du jaune à un beau vert pâle. Observez les oiseaux avec vos jumelles pour distinguer ce magnifique phénomène naturel. Les oiseaux sont aussi dimorphes, c'est-à-dire que le mâle et la femelle diffère l'un de l'autre. Le mâle a une tête plus foncée et du jaune vif autour de ses ailes noires; la femelle a des couleurs moins vives et pas de jaune vif autour des ailes.

Comportement aux mangeoires

C'est avec un mélange de sentiments qu'on voit arriver les gros-becs. Bien entendu, ils peuvent manger d'énormes quantités de graines de tournesol et se montrer dominants mais ils sont si beaux et leurs cris ressemblant à des bruits de grelots est un ravissement pour l'oreille. Ils semblent préférer les mangeoires avec plates-formes, plateaux ou graines à même le sol. Quand ils se nourrissent au sol, ils ont un comportement plus harmonieux alors que sur un plateau, ils peuvent être très agressifs, ouvrant leur bec et se manaçant l'un l'autre. Il est intéressant d'observer quels sont les oiseaux dominants.

Gros-bec errant, mâle. Oiseau de taille moyenne aux ailes et queue noires, corps jaunâtre et raie jaune traversant le front et l'œil.

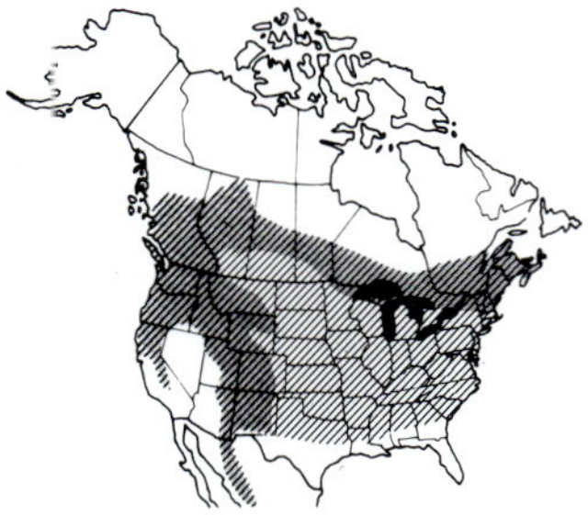

Carte de répartition du Gros-bec errant

Gros-bec errant, femelle. C'est un oiseau de taille moyenne aux ailes et queue noires, corps d'un beige grisâtre et pas de rayures jaunes au front ou à l'œil.

Les Gros-becs errants peuvent s'attarder aux mangeoires jusqu'en mai avant de retourner au nord pour se reproduire, et à ce moment, vous pourrez assister à une partie de leur parade amoureuse. Les mâles nourrissent les femelles. La femelle ou le mâle se balance devant son partenaire ou encore la femelle bat des ailes et, en recevant de la nourriture, elle émet des cris brefs. Lors d'une autre parade, les mâles étirent et agitent leur queue, et pivotent de l'avant à l'arrière. Observez ces comportements au printemps.

Exemple de carnet d'observation

18 janvier, 8 h 30. Il a beaucoup neigé la nuit dernière. Il y a une trentaine de gros-becs à ma mangeoire. Leur nombre n'a cessé d'augmenter depuis leur arrivée le 23 novembre dernier. Mâles et femelles sont ensemble sur la plate-forme de la mangeoire suspendue, rivalisant constamment pour l'espace.
4 avril, 10 h. Huit Gros-becs errants ont survolé la mangeoire. Leur becs est passé de jaune à un étonnant vert jade. Hier, dix d'entre eux se sont rassemblés sur la plate-forme et nous avons vu un mâle déposer à trois reprises des graines de tournesol dans le bec d'une femelle !

LES ROSELINS

Le Roselin pourpré / *Carpodacus purpureus*
Le Roselin familier / *Carpodacus mexicanus*

Roselin pourpré ou Roselin familier ?

Le Roselin pourpré et le Roselin familier sont du genre Carpodacus et donc proches parents. Ils ont les mêmes chants, les mêmes comportements de reproduction et se ressemblent au point que la majorité des gens ne savent les distinguer l'un de l'autre en raison des variations individuelles de chaque espèce. Nous avons les deux espèces à nos mangeoires et leur identification est toujours pour nous un nouveau défi.

Les femelles sont plus faciles à identifier que les mâles; observez bien leurs têtes. Le Roselin pourpré femelle possède *un large sourcil blanc bien marqué*, alors que la tête du Roselin familier femelle *ne présente aucune marque distinctive* et est entièrement couverte de fines rayures brunes.

Les meilleurs critères d'identification des mâles sont leurs têtes et leurs flancs. Le Roselin pourpré mâle a la tête, le dos, le croupion et la poitrine *rouge framboise* et *de pâles rayures brunes ou pas du tout* le long des flancs. Chez le Roselin familier mâle le rouge ou le rouge-orangé est limité surtout sur le front, la poitrine et le croupion; il a de *larges rayures brunes* le long de ses flancs.

Le Roselin pourpré est généralement plus gros et plus trapu que le Roselin familier et arbore une marque plus accentuée au bout de sa queue.

Notez que le Roselin pourpré mâle n'a pas de plumage rouge pendant sa première année et qu'il ressemble beaucoup à la femelle. Ce n'est que la deuxième année que son plumage devient rouge.

Des couleurs plus vives au printemps

Si le rouge des Roselins pourpré et familier mâles vous semble plus vif au printemps, vous avez absolument raison. Ce plumage n'est toutefois pas le résultat d'une mue de fin d'hiver car ces oiseaux n'ont qu'une mue par année et celle-ci a lieu à la fin de l'été et à l'automne. C'est plutôt parce que leurs

Roselin pourpré, mâle. Petit oiseau brunâtre ayant du rouge orangé au-dessus de l'œil et sur la poitrine et strié de brun le long des flancs.

Roselin familier, femelle. Petit oiseau ayant de fortes stries brunes sur la poitrine et de plus fines sur la tête.

Carte de répartition du Roselin familier

plumes rouges sont recouvertes de gris après leur mue automnale et que le gris disparaît au printemps pour laisser voir les teintes plus vives en dessous.

Des «Roselins d'Hollywood»

Originaire de l'Ouest américain, le Roselin familier est présent dans l'Est depuis peu de temps. En 1940, des marchands californiens d'animaux familiers capturèrent des Roselins familiers et les expédièrent à New York où ils furent vendus sous le nom «Roselins d'Hollywood». Il était illégal de capturer et d'expédier ces oiseaux et lorsque des agents du U.S. Fish and Wildlife Service découvrirent le pot aux roses, ils commencèrent à arrêter les marchands de New York en possession de ces oiseaux. Pour éviter l'arrestation, certains ont libéré les roselins qui ont survécu, se sont reproduits à l'état sauvage, et répandus dans l'est des États-Unis, jusqu au sud-est du Canada. Depuis, leur population ne cesse de croître.

Chants et cris

Le Roselin familier chante surtout au printemps et en été, mais on peut parfois l'entendre par des journées chaudes, en automne et en hiver. Le mâle et la femelle émettent de longues séries de gazouillis se terminant habituellement par un *tchi-eurr* strident. Ce dernier son vous aidera à distinguer le chant du Roselin familier de celui du Roselin pourpré qui est semblable. Le chant du Roselin pourpré est un long gazouillis musical qui ressemble à celui du Roselin familier mais sans la note finale rauque qui est exécutée seulement par le mâle.

Le cri habituel du Roselin familier ressemble au *tchirp* du moineau domestique alors que celui du Roselin pourpré, émis au vol, est un *tick* court et métallique distinctif.

Habitudes des roselins aux mangeoires

Les deux espèces se regroupent habituellement en petites volées pendant l'hiver et sont attirés par les graines des mangeoires, particulièrement par les graines de tournesol. À l'état sauvage, le Roselin familier se nourrit des graines des arbres et de plantes herbacées et il fréquente les mangeoires suspendues ou au sol. Le Roselin pourpré est plus habitué à se nourrir au-dessus du sol, de graines d'arbres notamment les conifères, les sycomores, les ormes ainsi que de bourgeons et de fruits d'arbres fruitiers.

Habitat des roselins

Le Roselin familier se plaît dans les milieux urbains et vit autant en ville qu'en banlieue. Il se reproduit dans ces mêmes régions car il peut construire son nid presque partout. Quand la période de nidification est

Roselin pourpré, mâle.
Petit oiseau dont la tête, le dos, la poitrine et le ventre sont de couleur framboise et ayant parfois de petites rayures brunes sur les flancs.

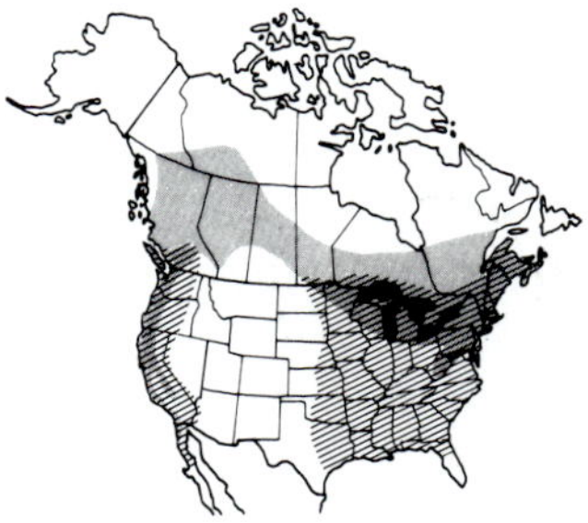

Carte de répartition du Roselin pourpré

Roselin pourpré, femelle. Petit oiseau brun ayant une raie claire derrière l'œil et de petites stries sur la poitrine.

terminée, les jeunes et les adultes se rendent dans des endroits où il y a abondance de graines; leur présence peut donc diminuer pendant cette période. Mais durant l'hiver ou l'été, ils demeurent dans la même région, car ils migrent à une faible distance ou pas du tout.

Le Roselin pourpré est moins citadin, préférant nicher dans des forêts mixtes ou de conifères. Il se reproduit le long de la côte Ouest, au Canada et dans les états du nord-est des É.-U. À l'automne, il migre vers le sud et peut visiter des mangeoires un peu partout dans l'est des États-Unis. On ne peut toutefois le considérer comme un visiteur hivernal car les groupes de roselins peuvent s'arrêter et demeurer là où ils trouvent de la nourriture plutôt que de se rendre au même endroit à chaque année, comme le font la majorité des oiseaux migrateurs.

Certaines années, il arrive que les Roselins pourprés affluent plus au Sud, sans doute à cause d'un manque de nourriture au Nord.

Exemple de carnet d'observation

28 avril, 10 h. Un Roselin familier mâle vient de prendre une graine de tournesol écalée dans la mangeoire et la donne à une femelle perchée tout près.

16 juillet, 15 h 30. Dix Roselins familiers se sont rassemblés dans notre jardin. L'un d'entre eux s'est installé pour prendre un bain de soleil en étalant sa queue et ses ailes au sol, le corps tourné d'un côté. Quatre congénères sont venus le rejoindre, pendant que les cinq autres picoraient au sol. Le bain de soleil a duré environ une minute. Le chemin est recouvert de copeaux de bois et incidemment, des oiseaux d'autres espèces ont déjà pris des bains de soleil au même endroit.

LE CHARDONNERET JAUNE

Carduelis tristis

Le Chardonneret jaune aux mangeoires

En observant les Chardonnerets jaunes à vos mangeoires, vous verrez qu'ils se nourrissent différemment de la plupart des autres oiseaux. Ainsi, les mésanges prennent une seule graine et s'envolent, alors que les Chardonnerets jaunes se posent sur la mangeoire et mangent les graines l'une après l'autre. C'est d'ailleurs ce qu'ils font à l'état sauvage; ils se posent sur un capitule de fleur composée ou sur un bouleau et mangent plusieurs graines sur place.

Observez-les attentivement et vous verrez qu'ils peuvent décortiquer la graine tout en la gardant dans leur bec sans avoir à la tenir dans leur patte ou d'y picorer comme les mésanges. Ceci est possible grâce à la forme conique de leur bec, spécialement adapté pour manger des graines. Tous les roselins, dont les roselins familiers, les roselins pourprés et les gros-becs errants ont des becs semblables.

Préférences alimentaires

À l'état sauvage, le Chardonneret jaune se nourrit où il y a beaucoup de graines qu'il cueille directement sur une plante plutôt que de ramasser celles qui tombent au sol. L'hiver, il s'alimente de graines de bouleaux et d'aulnes, et du printemps à l'automne, de graines de plantes herbacées comme le chardon, le tournesol, le pissenlit, l'ambroisie (herbe à poux), la molène, l'onagre et la verge d'or. Sortez, observez et essayez de savoir ce qu'ils mangent.

Aux mangeoires, le Chardonneret jaune se nourrit de graines de tournesol et de chardon. Si vous trouvez le chardon trop onéreux, vous pouvez quand même attirer beaucoup de Chardonnerets jaunes avec des graines de tournesol écalées.

Son chant printanier

Un matin de printemps, vous sortirez et entendrez un chant soutenu et un pépiement venant du sommet des arbres. Ce chant ressemble à celui du canari mais il est émis par le Chardonneret jaune (aucune parenté entre les deux) qui commence ses parades amoureuses. Son chant est un long gazouillis de trente secondes ou plus. On ne connaît pas le rôle de ce chant, ni pourquoi il débute si tôt avant la saison de reproduction.

Origine de son nom

On entend souvent dire que le chardonneret attend la floraison du chardon pour nicher parce qu'il en utilise les soies pour construire son nid. Ceci est faux car il construit habituellement son nid bien avant la floraison des chardons, car il peut utiliser toutes sortes d'autres fibres. Nous en avons vu utiliser les fibres des tiges d'asclépiade, les aigrettes des akènes de salsifis et d'autres matériaux duveteux.

Les chardonnerets nichent à partir de juillet seulement, probablement parce qu'ils nourrissent leurs petits de graines de fleurs composées comme le chardon ou le tournesol qui mûrissent à la fin de l'été.

Chardonneret jaune, mâle, au printemps et à l'été. Petit oiseau jaune vif aux ailes et queue noires, barres alaires blanches et bandeau noir sur le front.

Chardonneret jaune, femelle, au printemps et à l'été. Petit oiseau à poitrine jaune, dos brunâtre olive, queue et ailes noires et barres alaires blanches.

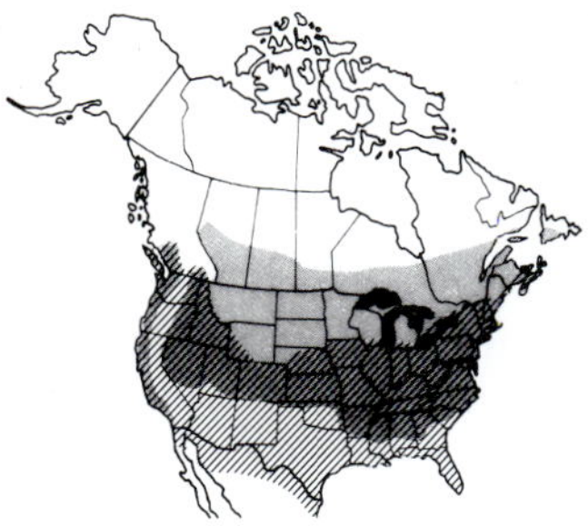

Carte de répartition du Chardonneret jaune

Des couleurs changeantes

Les chardonnerets muent deux fois l'an. L'automne, après la nidification, ils ont une mue complète. Le mâle perd alors sa couleur estivale jaune vif et le bandeau noir qu'il avait sur le bec; avec son nouveau plumage, il ressemble à une version grisâtre de la femelle en été. La femelle remplace aussi son plumage jaune vif d'été pour un plumage gris, ce qui rend l'identification des deux sexes difficile en hiver.

Au printemps, les Chardonnerets jaunes perdent toutes leurs plumes sauf celles des ailes et acquièrent leur plumage d'été. La couleur plus vive du mâle peut l'aider à attirer une femelle ou à délimiter son territoire alors que la coloration plus discrète de la femelle lui permet d'être moins visible autour du nid.

Chardonneret jaune, mâle ou femelle en automne et en hiver. Petit oiseau au corps jaune grisâtre ou jaune brunâtre, queue noire et ailes noires marquées d'une barre blanche voyante.

Exemple de carnet d'observation

5 janvier, 14 h. Une volée d'environ vingt-cinq Chardonnerets jaunes a visité notre mangeoire ces deux dernières semaines. Ils sont agressifs aux perchoirs à cause d'un manque d'espace. Quand ils commencent à manger, le niveau de graines de notre mangeoire suspendue descend à une vitesse folle!
25 août, 15 h. Nous observons des jeunes qui mangent et s'envolent vers un arbre voisin avec leur père qui les nourrit à nouveau. Leurs cris juvéniles *tchi-pîî tchi-pîî tchi-pîî* sont distinctifs et peuvent être entendus lorsqu'ils suivent leurs parents au vol.

LE QUISCALE BRONZÉ

Quiscalus quiscula

Un regard vers le ciel

Observez les quiscales et de temps à autre, vous les verrez pointer le bec vers le haut comme s'ils regardaient le ciel. En réalité, ce n'est pas ce qu'ils font, car lorsque les oiseaux regardent le ciel, ils tournent la tête de côté. Les quiscales exécutent une parade qui fait partie de leur langage. Ce comportement survient entre deux mâles ou deux femelles qui se disputent un partenaire ou un poste d'alimentation. La parade dure quelques secondes, puis l'oiseau recommence à manger. Ce phénomène se produit surtout lorsque de nouveaux oiseaux arrivent.

Comment identifier, le mâle, la femelle et le juvénile

Le mâle et la femelle se ressemblent; tous les deux sont noirs et ont une tête irisée. Le mâle est toutefois plus gros, a une queue plus longue et est plus irisé. Il existe plusieurs autres moyens de les différencier. Pendant la saison de reproduction, la femelle vole presque toujours en avant du mâle. De plus, le mâle tourne sa queue vers le haut en V juste après son envol et juste avant de se poser. Cette parade, qu'il n'exécute que pendant la saison de reproduction, sert peut-être à faire conaître son sexe aux autres quiscales et les avertir qu'il est prêt à se reproduire.

Les premiers oisillons éclosent à la fin du printemps et au début de l'été. Ils sont reconnaissables à leur plumage brun foncé (différent du plumage noir adulte) et à leur œil noir qui est complètement différent du jaune vif des adultes.

Une parade amoureuse particulière

Le chant des quiscales ne passera jamais à l'histoire comme un des plus mélodieux car il ressemble à une clôture qui grince. Émis par le mâle et la femelle, il est souvent interprété comme *ri-de-lîk, skou-de-lîk ou tchak-îk*. Les mâles chantent souvent lorsqu'ils sont près d'autres mâles et les mâles et femelles appariés peuvent alterner leur chant.

Lorsque le mâle ou la femelle chante, vous pouvez assister à un spectacle fascinant. Il s'agit d'une parade où le mâle étend sa queue, ouvre un peu ses ailes et ébouriffe les plumes de sa tête et de son corps. Cette parade accroît l'effet iridescent du plumage et elle est toujours accompagnée d'un chant.

Cherchez le nid

Peu de temps après être arrivés dans leur aire de nidification et avoir commencé à fréquenter votre mangeoire, les quiscales commenceront leur comportement reproducteur. Cherchez les indices annonçant la construction d'un nid. Ils nichent souvent dans les banlieues et choisissent habituellement des conifères pour y établir leur nid. La présence d'un mâle ou d'une femelle volant près de ce type d'arbres et ayant dans son bec de longues brindilles d'herbes constitue un bon indice. Cette phase préliminaire de la construction du nid dure entre une et quatre semaines. On ignore pourquoi ils transportent tous ces brins d'herbe car en fait, ils ne servent pas à la construction de leur nid

Une fois cette étape terminée, il est temps de passer à la véritable construction du nid. Tout le travail sera fait par la femelle pendant que le mâle la suit joyeusement. Le nid peut être construit à l'endroit où ont été déposées les brindilles d'herbe. Construit en cinq jours, le nid contient des herbes, de la vase et ressemble à un nid de merle.

Des comportements bizarres

Les quiscales ont plusieurs comportements étranges souvent observables autour des mangeoires ou sur le terrain. L'un d'eux consiste à tuer de petits oiseaux, notamment les Moineaux domestiques. Des gens ont vu des quiscales noyer des moineaux dans le bassin d'oiseau. Dans un territoire donné, ce comportement des plus étonnants est habituellement adopté par un seul oiseau.

Les quiscales s'adonnent aussi au «formicage», c'est-à-dire que le quiscale frotte différentes matières

Quiscale bronzé, mâle. Oiseau de taille moyenne ayant un œil jaune vif. Le mâle a une longue queue et des plumes irisées; la femelle a une queue plus courte et est moins irisée.

Carte de répartition du Quiscale bronzé

sur ses plumes peut-être pour se débarrasser des parasites ou pour adoucir la peau. Il utilise parfois des fourmis, d'où l'origine du mot formicage. Il les saisit et les frotte sur ses plumes, dégageant ainsi l'acide formique sécrété par les fourmis ou encore il étend ses plumes sur les fourmis et les laisse s'y promener. Les oiseaux utilisent parfois d'autres substances comme de la naphtaline ou des mégots de cigarettes. Plusieurs autres espèces pratiquent le formicage, mais ce sont les quiscales qui s'y livrent le plus souvent.

Leur comportement alimentaire est aussi singulier. On les voit souvent en train de manger des biscuits, du pain rassis et même de la nourriture pour chiens qu'ils trempent dans l'eau avant de manger. Il arrive parfois que la nourriture ainsi préparée soit servie aux oisillons.

Exemple de carnet d'observation

14 octobre, 16 h. Des centaines de quiscales se sont arrêtés temporairement dans notre bois et se nourrissent au sol. Ils font un vacarme assourdissant. Ils parcourent le bois et retournent les feuilles en quête d'insectes ou d'autre nourriture. Par moment, ils s'envolent tout d'un coup et se perchent silencieusement dans les arbres; ils reviennent ensuite graduellement au sol pour se nourrir et continuent d'émettre des sons rauques. C'est un spectacle fascinant.

1er juin, 17 h. Les cinq premiers petits quiscales de l'année ont visité la mangeoire. Ils sont brunâtre et ont des yeux foncés. Ils ne se nourrissent pas seuls; ils viennent à la mangeoire avec leurs parents et quémandent la nourriture qu'ils ont devant eux. Pendant la becquée, ils émettent un son strident et battent des ailes.

LE MOINEAU DOMESTIQUE

Passer domesticus

Distinguer le mâle de la femelle

Bien que le Moineau domestique compte parmi nos oiseaux les plus communs, peu de gens connaissent les traits caractéristiques qui différencient le mâle de la femelle. En connaissant le sexe des oiseaux, vous pourrez apprécier davantage leur observation et interpréter leurs interactions.

Observez la face et la gorge de l'oiseau. Le mâle a du noir autour de l'œil et sur la gorge, alors que la femelle a du beige autour de l'œil et la gorge toute grise. Au printemps et en été, le bec du mâle est noir et celui de la femelle est jaune. En hiver, le mâle et la femelle ont le bec jaunâtre.

Le plumage d'hiver

Le Moineau domestique subit une mue complète de toutes ses plumes à la fin de l'été. Immédiatement après, il a le bout des plumes chamois et chez le mâle, la bavette noire est en partie dissimulée par l'extrémité blanche des plumes de la gorge. Observez ce changement à l'automne.

Ce bout blanc des plumes de la gorge du mâle disparaît graduellement au cours de l'hiver, de sorte qu'au moment de la reproduction, au printemps, sa bavette est touffue et noir luisant. Vers cette période, son bec change aussi de couleur. En hiver, il est jaunâtre comme celui de la femelle, mais au printemps, il devient noir et se confond avec sa bavette noire.

Ce n'est pas un bruant

Bien qu'il ressemble à certains bruants, le Moineau domestique n'appartient pas à la famille des bruants. Il fait plutôt partie de la grande famille des tisserins et est originaire d'Eurasie et d'Afrique. L'origine de leur nom vient de leur habitude à tisser des fibres ensemble en un nid sphérique (comme le moineau domestique) ou suspendu, contrairement aux véritables bruants qui construisent des nids d'herbes en forme de coupes.

Déplacements quotidiens

En observant le comportement des Moineaux domestiques à l'automne et en hiver, vous remarquerez qu'ils se regroupent en petites volées, deux fois par jour. Vers midi, ils se rassemblent dans des buissons ou des arbrisseaux pendant environ une heure et ils lissent leurs plumes et gazouillent. Ces volées sont bruyantes et la raison de ces rassemblements est inconnue. Il s'agit peut-être tout simplement d'une période de repos et de digestion pendant laquelle les oiseaux se sentent plus en sécurité en groupe.

En fin d'après-midi, différents groupes se forment à nouveau et les moineaux gazouillent bruyamment. À mesure que le jour tombe, ils font petit à petit route vers un dortoir voisin qui peut être des buissons touffus, des arbres, des murs couverts de lierre ou une structure protégée comme un pont. Ils partent tous le lendemain matin.

En été et au printemps, les oiseaux demeurent plus près de leurs nids et peuvent passer la nuit dans l'ouverture du nid ou près de celui-ci.

Observer le comportement au nid

Les Moineaux domestiques peuvent nicher partout où il y a une cavité assez grande à remplir d'herbes et d'autres matériaux fibreux. En ville, vous verrez souvent des moineaux domestiques construisant leur nid dans une lettre d'un grand panneau publicitaire, au bord d'un auvent de magasin, près d'un climati-

Moineau domestique, mâle. Petit oiseau brun à poitrine non tachetée, ayant du noir autour de l'œil et une bavette noire.

Moineau domestique, femelle. Petit oiseau brun à poitrine non tachetée, ayant un cercle orbital chamois.

Carte de répartition du Moineau domestique

seur, dans un feu de circulation ou dans les avant-toits d'un édifice. À la campagne, ils utilisent les cavités des arbres, des nichoirs ou construisent parfois un nid sphérique au milieu de branches d'arbres.

Leur comportement au nid est amusant à observer. Un mâle seul se perche habituellement près d'un nid potentiel et annonce sa présence par un cri qui ressemble à *tchirp-tchirp-tchirp* qu'il répète presque sans arrêt jusqu'à ce qu'une femelle s'approche. Il se met alors à appeler plus vite, plus fort et bat des ailes. Si la femelle semble intéressée, le mâle peut entrer et sortir de son nid plusieurs fois de suite devant elle. Si elle y pénètre aussi, il y a de bonnes chances qu'ils s'accouplent.

Le nid est généralement en forme de sphère avec entrée latérale. Les deux oiseaux apporteront de longues brindilles de matériel pour construire le nid et se partageront la tâche, bien qu'un mâle solitaire peut commencer seul le travail. Il est intéressant de les voir ramasser des matériaux comme des ficelles, de l'herbe, des feuilles, du papier et des plumes.

Un immigrant

Le Moineau domestique n'est pas originaire de l'Amérique du Nord. Les premiers moineaux furent importés d'Angleterre à Brooklyn, New York, en 1850, dans le but d'éliminer certains insectes. Leur reproduction ne fut pas un succès, mais avec les nouvelles recrues des années suivantes, ils finirent par s'établir. Les moineaux ne s'avérèrent d'aucune utilité pour éliminer les insectes, mais ils se multiplièrent rapidement. Ils furent aussi introduits dans diverses régions de l'Amérique du Nord, et à partir de 1900, les Moineaux domestiques devinrent les plus communs du continent nord-américain et à l'époque, ils étaient même plus nombreux qu'ils ne sont aujourd'hui. De nature agressive, ils s'emparèrent des nids des espèces indigènes comme l'Hirondelle bicolore, le Merlebleu de l'Est et le Troglodyte familier.

Toutefois, de 1915 à 1920, la population des Moineaux domestiques connut un déclin, ce qui explique leur nombre actuel plus restreint. Ce déclin est probablement le résultat de l'arrivée de l'automobile et de la baisse de popularité des chevaux comme moyen de transport. Avec moins de chevaux en ville, il y avait moins de graines dans les écuries et dans leur crottin. Les Moineaux domestiques dépendaient grandement de ces graines pour se nourrir pendant l'hiver, et sans elles beaucoup d'oiseaux moururent.

Exemple de carnet d'observation

3 mai, 9 h. Des Moineaux domestiques se sont installés dans le nichoir au-dessus des portes du garage. Curieusement, il y a là deux femelles et un mâle. Les femelles sont agressives l'une envers l'autre, mais le mâle accepte la présence des deux. Quand une des femelles est à l'intérieur, l'autre se perche au-dessus. Nous nous demandons si c'est un cas de polygamie.
20 août, 16 h. Comme tous les ans vers la même période, beaucoup de Moineaux domestiques fréquentent notre mangeoire en groupes, notamment l'après-midi. Ce sont surtout de jeunes oiseaux. Au bout de quelques semaines, ils cessent habituellement de venir et vont se nourrir ailleurs pendant le reste de l'hiver. Ils se dispersent ensuite vers leurs aires de nidification au printemps.

LES COLIBRIS

Le Colibri roux / *Selasphorus rufus*
Le Colibri d'Anna / *Calypte anna*
Le Colibri à gorge rubis / *Archilochus colubris*
Le Colibri à gorge noire / *Archilochus alexandri*

De petites merveilles

Nous n'oublierons jamais la première visite d'un colibri dans notre jardin. Déterminés à attirer ces oiseaux, nous avons acheté et planté des Lobélies du cardinal et nous attendions leur floraison avec impatience. Comme s'ils s'étaient donné le mot, un Colibri à gorge rubis arriva dès l'éclosion de la première fleur. Ravis de voir cette petite boule d'énergie voler d'une fleur à l'autre, nous l'avons observé avec nos jumelles. Ayant noté son front jaune vif, nous avons cru pendant un bref instant avoir une variété rare de colibri dans notre jardin. Nous avons ensuite réalisé que son front était recouvert de pollen jaune ! Ignorant son rôle de pollinisateur, le colibri continuait de visiter chaque fleur et de boire leur nectar.

Ces petites merveilles nous fascinent tant par leurs couleurs dignes de bijoux précieux, leur fantastique habileté de vol que par leur taille (un Colibri à gorge rubis pèse 2,8 grammes et mesure seulement 9,5 centimètres).

Seize espèces de colibris se reproduisent aux États-Unis, et dans l'est, il n'y a que le Colibri à gorge rubis et occasionnellement, une des espèces de l'Ouest, le Colibri roux. Au Québec, le Colibri à gorge rubis est le seul colibri qui a une aire de répartion et de nidification.

Des joyaux ailés

L'iridescence des plumes fait miroiter les colibris tels des bijoux et ne recouvre que le tiers extérieur de leur plumage. La lumière qui éclaire ces plumes, est réfléchie et intensifiée quand elle est vue sous un

Colibri à gorge rubis, mâle. Oiseau très petit à long bec, dos noir et ventre blanchâtre. Le mâle a une gorge rouge irisée qui, selon l'éclairage, peut sembler noire .

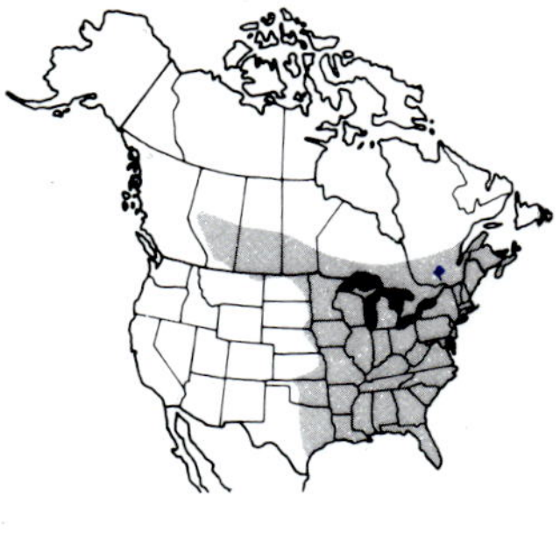

Carte de répartition du Colibri à gorge rubis

certain angle. C'est pourquoi la plage blanche de la gorge d'un colibri à gorge rubis mâle semblera rouge écarlate si la lumière l'éclaire directement. Vue d'un angle différent, elle paraîtra orange foncé, verte ou violette, et lorsque la lumière n'y est pas réfléchie, elle semble noire.

Des hélicoptères vivants

Les colibris peuvent voler dans toutes les directions : en haut, en bas, latéralement et même la tête en bas, ce qu'ils peuvent faire brièvement pour se sauver. Quand ils voltigent, leurs ailes bougent de l'avant à l'arrière, font une rotation à la hauteur de l'épaule et les extrémités forment le dessin d'un huit horizontal.

Ils sont parmi les plus rapides petits oiseaux, atteignant des vitesses de 96 km/h. Ils volent sur de longues distances quand ils migrent en Amérique Centrale, y compris 804 km pour traverser le Golf du Mexique. Heureusement qu'un Colibri à gorge rubis adulte peut emmagasiner jusqu'à 2 grammes de graisse, suffisamment donc pour faire cette traversée.

Le rouge les attire

Quelqu'un a déjà dit : «Les colibris aiment n'importe quelle couleur du moment qu'elle est rouge». Nous les avons vu visiter des fleurs de toutes les couleurs, même les fleurs jaune verdâtre du nerprun, mais ils préfèrent les fleurs rouges. C'est par expérience qu'ils ont découvert que la couleur rouge était synonyme de bonne nourriture.

Plusieurs de ces fleurs rouges sont spécialement adaptées pour leurrer les colibris en leur offrant des quantités de nectar ayant la concentration de sucre d'environ 20 à 25 pour cent qu'ils préfèrent. En retour, les colibris rendent un service appréciable à leurs hôtes, celui d'une pollinisation croisée.

Leur préférence pour le rouge explique pourquoi les colibris s'intéressent à tout objet rouge, y compris les mangeoires, des tissus à motifs floraux rouges, des rubans à cheveux rouges et même les nez affligés d'un coup de soleil ! Il est à noter que les couleurs irisées les plus vives des colibris sont souvent rouges ou dans la gamme des teintes rouges. Ceci les aide peut-être à se reconnaître entre eux.

Des consommateurs de nectar

Les colibris ont un métabolisme supérieur à tout autre oiseau et doivent consommer d'énormes quantités de

Colibri à gorge rubis, femelle au nid. Petit oiseau à long bec, dos vert et ventre blanchâtre. La femelle a une gorge blanchâtre.

nourriture pour restaurer leur organisme. Le nectar est une source rapide d'énergie qui se digère facilement. On estime que les colibris consomment 50 pour cent de leur poids en sucre à chaque jour. Ils ont également besoin de protéines, de gras et de minéraux, ce qu'ils obtiennent en mangeant de petits insectes et des araignées qu'ils trouvent dans les fleurs ou d'autres plantes. Le colibri recueille le nectar des fleurs en introduisant sa langue environ treize fois par seconde dans la fleur.

S'il le peut et ce, pour économiser ses énergies, le colibri se perchera pour manger au lieu de voltiger, Ainsi dans notre jardin, un Colibri à gorge rubis se tenait sur les tuteurs soutenant nos pieds-d'alouette quand il venait les visiter. Les colibris peuvent épargner leurs énergies la nuit, surtout par temps froid, en sombrant dans un état de torpeur. Leur métabolisme tombe à un cinquième de leur état normal tandis que leur rythme cardiaque, leur respiration et la température de leur corps diminuent.

Colibri d'Anna, femelle.
Petit oiseau à dos vert, poitrine parfois marquée de rouge et aux parties inférieures couvertes d'une quantité variable de vert.

Colibri d'Anna, mâle.
Petit oiseau dont la tête et la poitrine sont entièrement couverts de rouge chatoyant, qui, selon la luminosité, peut paraître foncé.

Carte de répartition du Colibri d'Anna

Acrobaties aériennes

Les remarquables acrobaties aériennes des colibris sont des parades visuelles qui servent à défendre un territoire, attirer un partenaire ou intimider d'autres colibris (et parfois les gens près des mangeoires). Chaque espèce de colibri vole d'une façon différente.

Dans sa parade visuelle, le Colibri à gorge rubis vole le long d'un arc de cercle large et peu profond, comme s'il était suspendu à un fil. Il s'oriente habituellement de façon à ce que les rayons du soleil éclairent le rouge iridescent de sa gorge. Quand il passe près d'une femelle, ses ailes et sa queue peuvent émettre un bourdonnement sonore. Parfois, les mâle et femelle à gorge rubis voltigent face à face, montant et redescendant, à l'unisson ou à tour de rôle. Un observateur dit en avoir vus s'accoupler au sol immédiatement après de telles parades.

Le Colibri d'Anna mâle défend un territoire riche en ressources alimentaires. Dans sa parade, le mâle s'élève jusqu'à 45 m, s'arrête, chante brièvement (un léger grincement), puis se lance vers la femelle, et émet un vrombissement sonore et sec au moment où il passe au-dessus d'elle. Ce bruit est probablement produit avec les plumes de sa queue.

La parade du Colibri à gorge noire consiste en un vol avant-arrière en un arc peu profond de 90 cm de longueur. Le Colibri roux défend farouchement ses territoires d'alimentation ou de nidification par une parade de vol consistant en une boucle diagonale ou il descent très vite et remonte plus lentement, en produisant un fort bruissement d'ailes.

Des nids miniatures

La femelle construit un nid, puis cherche un mâle et s'accouple. Elle pond deux œufs blanc rosâtre et élève seule ses petits. Elle les nourrit de nectar et d'insectes régurgités et ils demeureront au nid environ vingt et un jours. Elle défend avec acharnement les environs de son nid contre tout intrus, colibris ou autres oiseaux.

Les nids des colibris, avec leur quelque 3 cm de diamètre, sont les plus petits nids au monde. Ils se marient généralement si bien à leur environnement qu'il est virtuellement impossible de les localiser. Les nids peuvent être tapissés de cocons d'insectes, de spores de fougère, de squelettes d'araignées et de lichen. Ils sont suffisamment flexibles pour s'étirer au fur et à mesure de la croissance des oisillons.

Comportement aux mangeoires

Plusieurs colibris peuvent se présenter en même temps à vos mangeoires. Ils peuvent d'ailleurs se livrer à des luttes acharnées quant aux sources alimentaires et être très agressifs entre eux quand ils rivalisent pour des mangeoires ou des fleurs. Ils descendent en piqué, foncent les uns sur les autres et peuvent émettre divers cliquetis ou des bourdonnements. Vous constaterez aussi que certains colibris semblent fréquenter assidûment les mangeoires alors que d'autres les visitent brièvement puis s'en vont, utilisant souvent le même chemin qu'à l'aller. La plupart d'entre eux passent beaucoup de temps perchés, souvent sur leurs branches dénudées préférées, surplombant le jardin.

Exemple de carnet d'observation

21 juin, 17 h. Le mâle à gorge rubis vole vers les fleurs toutes les vingt minutes et se nourrit pendant seulement deux minutes, préférant les heuchères et les pieds-d'alouette. Il retourne toujours au même perchoir, dos au soleil. Il lisse ses plumes et sa poitrine avec son bec, puis étire sa patte jusqu'à l'aile pour se gratter et lisser sous sa gorge les plumes que son bec ne peut atteindre.

Colibri à gorge noire, mâle. Petit oiseau à dos vert, gorge noire et ligne violette chatoyante sous la gorge, visible seulement sous un bon éclairage. La femelle ressemble beaucoup à la femelle à gorge rubis.

Carte de répartition du Colibri à gorge noire

Colibri roux, mâle. Petit oiseau aux dos et queue brun rougeâtre. La femelle est illustrée en page 11.

Carte de répartition du Colibri roux

LES GEAIS

Le Geai bleu / *Cyanocitta cristata*
Le Geai à gorge blanche / *Aphelocoma coerulescens*

Un oiseau magnifique

Le Geai bleu est l'un des plus beaux oiseaux de nos mangeoires. Ses couleurs sont très éclatantes à l'automne et au début de l'hiver, peut-être parce qu'il vient de terminer sa mue annuelle de la fin d'été et que ses plumes sont fraîches. Les barres noires et les plages blanches se détachent sur le bleu du dos, des ailes et de la queue. Certaines gens pourraient dépenser une fortune pour aller sous les tropiques admirer un oiseau aussi magnifique. Pourquoi ne pas profiter d'un tel spectacle à la maison.

Observez la parade amoureuse

Avez-vous déjà remarqué que les Geais bleus deviennent soudainement plus actifs et bruyants certains jours ensoleillés de fin d'hiver ? Si vous les observez vous verrez des groupes voler d'arbre en arbre; dès qu'ils se posent, ils grimpent de branche en branche. en émettant divers cris; l'un ressemble au tintement d'une cloche, *tou-loul, tou-loul,* un autre à une clôture grinçante, *oui-de-li*. Ils peuvent aussi monter et descendre brusquement. Quand ils atteignent le sommet de l'arbre, ils s'envolent tous vers un autre arbre en criant *djé-djé*, puis recommencent le même manège. On croit que c'est une parade amoureuse – une femelle menant le bal, suivie de plusieurs mâles qui rivalisent pour obtenir ses faveurs.

Dans sa parade amoureuse, le Geai bleu mâle offre aussi à manger à la femelle. Vous pourrez observer ce comportement au printemps et en été. Le mâle ramasse une graine, va vers la femelle et la lui donne. Celle-ci ébouriffe les plumes de son corps ou bat rapidement des ailes et émet un doux appel qui ressemble à *cou-eu, cou-eu, cou-eu,* ou *cou-et-couet-couet.*

Un moment de silence

Les Geais bleus sont généralement considérés comme des oiseaux tapageurs mais en fait, après les parades amoureuses, les couples appariés deviennent très discrets pendant qu'ils construisent leur nid et qu'ils commencent à élever leurs petits. Découvrez les oiseaux appariés au milieu du printemps; les couples sont alors ensemble, ils se déplacent silencieusement sous le couvert des arbustes, et le mâle nourrit occasionnellement la femelle qui peut vous révéler sa présence par le doux appel émis lors de la becquée.

Une fois les œufs éclos, vous commencerez à entendre plus de cris venant des parents et des oisillons.

Le Geai bleu imite étonnamment bien l'appel des buses. Ceux qui fréquentent notre jardin imitent plusieurs cris des Buses à queue rousse et des Petites buses. Parfois, les geais lancent ces appels quand une buse survole le secteur. On ignore la raison pour laquelle les geais agissent ainsi.

Les geais aux mangeoires

Notre grande mangeoire au sol est celle qui convient le mieux aux geais. Chacun d'entre eux défend son propre espace d'environ 30 cm et repoussera tout geai qui s'approchera trop.

Dans la nature, les geais se nourrissent de divers aliments et partent parfois avec de la nourriture qu'ils entreposent. À l'automne et en hiver, les glands sont l'un de leurs aliments préférés. Ils brisent la cupule avec leur bec, puis vont cacher ou mangent la noix. La présence des geais dépend grandement de l'abondance de glands au cours des années précédentes.

Fabulations sur les geais bleus

Les Geais bleus sont accusés de bien des maux, entre autres de donner de fausse alertes en arrivant aux mangeoires afin d'effrayer les autres oiseaux et avoir plus de nourriture. Bien que les geais crient souvent à leur arrivée, ce n'est sans doute pas pour éloigner les autres oiseaux, car ils continuent de le faire quand ils sont seuls. Et si les autres oiseaux prêtent l'oreille aux cris d'alerte des geais, il faut dire qu'ils le font aussi pour les autres espèces. Si les geais émettaient continuellement de fausses alertes, celles-ci finiraient par perdre de leur importance avec le temps.

Geai bleu. Oiseau de taille moyenne à tête, dos et queue bleus, et ventre gris. Il a une huppe qui peut s'abaisser ou se soulever. Le mâle et la femelle se ressemblent.

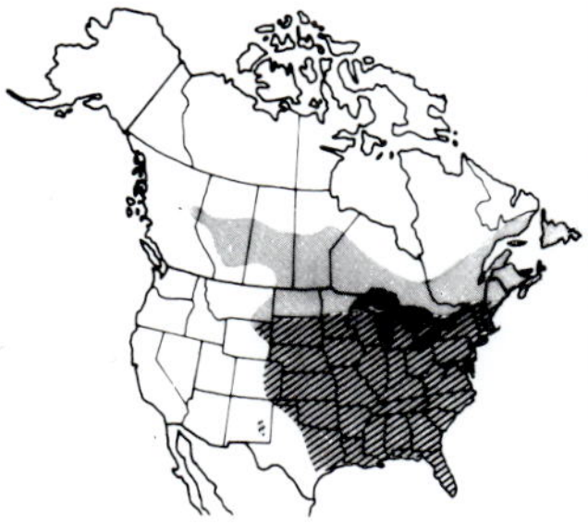

Carte de répartition du Geai bleu

On les dit agressifs envers les autres oiseaux aux mangeoires. Cette remarque peut s'appliquer à tout oiseau plus gros qu'un autre. Le meilleur moyen de réduire cette agressivité est d'aménager plus d'espace aux mangeoires. Nos mangeoires au sol sont grandes et les geais peuvent s'y nourrir en toute quiétude en compagnie de juncos et d'autres espèces.

Il est faux de dire que les geais chassent les autres oiseaux des mangeoires pour toujours. Si vous les observez attentivement, vous les verrez se nourrir et partir peu de temps après. Si des oiseaux plus petits ont été effrayés, ils reviennent éventuellement aux mangeoires dès le départ des geais.

Les geais de l'Ouest

L'aire du Geai bleu ne s'étend pas jusqu'à l'Ouest, mais on y retrouve plusieurs autres espèces, dont le Geai de Steller, le mésangeai du Canada, le Geai des pinèdes et le Geai à gorge blanche. Ce dernier est le plus fréquent aux mangeoires dans les zones résidentielles alors que les autres espèces préfèrent les bois et les montagnes. Le comportement du Geai à gorge blanche ressemble à celui du Geai bleu : il a une gamme étendue de cris et de comportements sociaux et il a une alimentation variée.

Geai à gorge blanche. Oiseau de taille moyenne aux ailes, queue et tête bleues, dos et ventre gris, et sans huppe. Le mâle et la femelle se ressemblent.

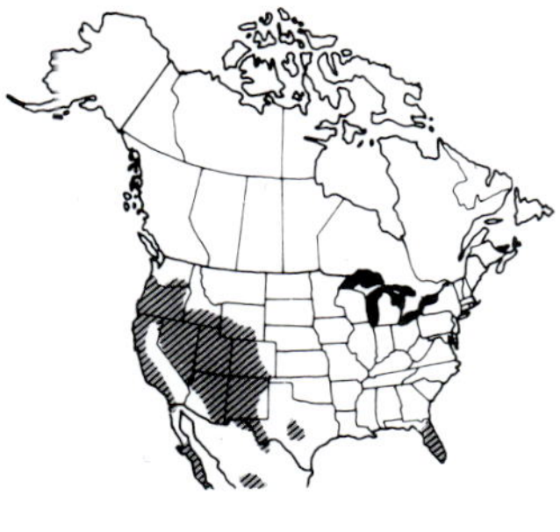

Carte de répartition du Geai à gorge blanche

Exemple de carnet d'observation

30 décembre, 7 h. Vingt-cinq geais bleus s'alimentent ensemble à notre mangeoire au sol. L'an dernier, à la même date, nous n'en avions que trois ou quatre. Notre groupe local compte quelque six geais et nous avons observé d'autres petits groupes venant de régions voisines situées à environ 0,4 km. Ils semblent manger ensemble sans trop de conflits.

LE JUNCO ARDOISÉ

Junco hyemalis

Visiteur hivernal

Chaque automne, nous essayons de deviner la date d'arrivée de nos juncos ardoisés. Ces oiseaux des neiges, comme certains les appellent, nichent plus au nord que chez nous (nous habitons le Massachusetts), et nous reviennent pour l'hiver. Des études révèlent que les juncos retournent au même endroit à chaque hiver et quand ils arrivent, nous avons vraiment l'impression d'accueillir de vieux amis.

Notre mangeoire au sol avait été aménagée dans le but d'attirer une volée de juncos, et au bout de trois jours, ils avaient découvert et adopté cette mangeoire. Si vous n'avez pas de juncos, essayez d'aménager une mangeoire au sol (voir le texte sur les mangeoires au sol, page 4) et attendez-vous à les voir arriver année après année.

Qui mène?

Les volées de juncos ont une structure sociale complexe et intéressante. Les mâles hivernent plus au nord que les femelles, et dans les volées la proportion de mâles est donc plus importante. En hiver, les mâles dominent généralement les femelles, et les adultes des deux sexes ont tendance à dominer les oiseaux qui sont dans leur première année.

Quand la volée d'hiver arrive, ses membres forment une hiérarchie sociale qui demeurera intacte pendant tout l'hiver. Cela veut dire qu'un oiseau dominera tous les autres, puis un deuxième sera choisi, et ainsi de suite. Les mésanges ont une organisation sociale similaire en hiver.

Le comportement des juncos aux mangeoires révèlent quels oiseaux sont dominants. Un junco dominant volera ou courra après un autre oiseau et pour le faire fuir, il fera mine de vouloir le becqueter. Si un oiseau moins dominant résiste, les deux juncos s'affrontent en soulevant et abaissant leurs têtes. Les combats sont rares mais surviennent parfois; les deux oiseaux volent verticalement jusqu'à une hauteur de trois mètres et se donnent des coups de griffes.

La volée de juncos restera tout l'hiver dans une région riche en nourriture. Comme ils ne voyagent pas toujours ensemble, vous ne pourrez voir tous les membres d'une même volée à la fois. Mais par mauvais temps, c'est le plus souvent en groupe qu'ils fréquentent les mangeoires.

Cris des juncos

Les juncos émettent plusieurs sons différents au cours de leurs interactions. Sortez pour les observer et vous pourrez les entendre. Aux mangeroires, ils lancent habituellement un *dît* en arrivant et un *tchip* en partant. Dans leurs interactions de dominance, ils émettent souvent des «*kiou, kiou, kiou*».

Changement de comportement

Le junco change de comportement à la fin de l'hiver.

Junco ardoisé, mâle. Petit oiseau foncé sur sa moitié supérieure et blanc en dessous et au bec légèrement coloré. Le mâle a le dessus du corps entièrement gris foncé.

Junco ardoisé, femelle. Elle est semblable au mâle, mais les parties foncées de son corps comprennent plus de brun.

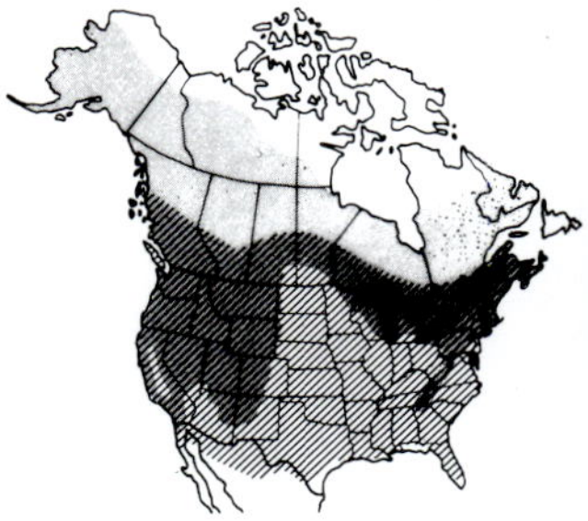

Carte de répartition du Junco ardoisé

On peut observer des poursuites plus nombreuses entre oiseaux, au cours desquelles ils exhibent les plumes rectrices de leur queue. Les mâles chantent plus souvent et leur chant est un trille musical semblable au chant du Bruant familier. Écoutez-les, voyez s'il y a une différence entre les chants individuels comme nous l'avons nous-mêmes découvert.

Ce changement de comportement est annonciateur de la saison de reproduction, même si les juncos visitent encore vos mangeoires. Un jour, en regardant dehors, vous réaliserez qu'ils sont partis, mais vous pourriez ne pas le remarquer en raison des nouveaux arrivants printaniers. Les juncos, eux, seront repartis vers leurs aires de nidification.

Comment identifier les juncos

Le plumage des juncos varie selon les régions, ce qui a amené les scientifiques à identifier quatre espèces de juncos. Ils sont aujourd'hui considérés comme étant d'une seule et même espèce, le Junco ardoisé.

Dans l'Est, les juncos (*hyemalis*/ardoisé) sont gris foncé dessus et blancs dessous. Le haut du corps des adultes mâles est habituellement gris foncé sans brun; les femelles et les juvéniles (des deux sexes dans leur première année) ont des quantités variables de brun.

Chez les juncos de l'Ouest (*oreganus*/à dos roux), les mâles ont un capuchon noir et le dos et les côtés chamois orange; les femelles ont plus de gris et de brun. Il existe une variété de junco rose dans les Rocheuses.

Dans la région des Black Hills, au Dakota du Sud et au Wyoming, les juncos (*hyemalis aikeni*/à ailes blanches) sont gris bleu dessus et blancs dessous, avec deux barres alaires blanches.

Dans le sud des Rocheuses, les juncos (*caniceps*/à tête grise) sont gris pâle à dos roux vif.

Exemple de carnet d'observation

31 mars, 15 h 30. Il y a six juncos à la mangeoire. Un tamia rayé mange paisiblement près d'eux. Deux juncos s'approchent en abaissant et soulevant la tête à tour de rôle, et en émettant des sons liés *tchip-tchip-tchip-kiou-kiou-kiou*. Quelque chose a effrayé le groupe et tous s'envolent vers des buissons en émettant des *tsip*.

1er avril, 17 h 10. Les juncos ont chanté sans arrêt à la mangeoire. À la tombée du jour, ils ont volé vers un champ voisin avec beaucoup de chants et de poursuites. Ils sont finalement allés se percher pour la nuit dans une épinette très touffue. Nous les avons cherchés en vain à travers les branches, lesquelles étaient couvertes d'excréments, ce qui signifie que c'est un dortoir très populaire.

LE MOQUEUR POLYGLOTTE

Mimus polyglottos

Mystérieux imitateur

Si vous êtes habile à identifier les chants d'oiseaux, vous aurez beaucoup de plaisir à écouter chanter le moqueur car il peut imiter les chants et les cris de tous les autres oiseaux, ainsi que beaucoup d'autres sons. Nous en avons entendu un imiter un crapaud et un oiseau devenu célèbre en Californie a déjà imité la sirène d'une caserne de pompier voisine.

Le Moqueur polyglotte ne possède aucun chant distinctif et se contente d'imiter celui des autres. Il partage cette habitude avec le Moqueur chat et le Moqueur roux. Il est intéressant de noter que chacune de ces trois espèces répète les chants des autres oiseaux d'une manière différente; le Moqueur chat les chante une fois, le Moqueur roux deux fois et le Moqueur polyglotte trois fois ou plus.

Personne n'a encore pu trouver pourquoi ces oiseaux sont de tels imitateurs. Certains supposent que lorsqu'un moqueur exécute des chants d'autres oiseaux, ceux-ci peuvent croire que le territoire est déjà occupé et aller ailleurs, laissant ainsi toute la place et les réserves de nourriture aux moqueurs. Toutefois, il ne s'agit que d'une hypothèse.

Un chanteur printanier, automnal et nocturne

Au printemps, le moqueur est très voyant car il s'installe au sommet des arbres, sur les cheminées ou les poteaux de téléphone et chante bruyamment. Seul le mâle chante à cette période de l'année, habituellement pour délimiter son territoire et essayer d'attirer une femelle. Son aire de nidification s'étend sur 0,4 à 0,8 hectare environ. Son chant cesse dès qu'il a attiré une femelle et que les deux partenaires commencent à construire le nid et pondre des œufs.

À l'automne, les moqueurs recommencent à chanter. Cette fois, le mâle et la femelle chantent, et il est difficile de les différencier. Ensemble ou chacun de son côté, ils défendent leur territoire de 0,4 à 0,8 hectares entouré d'une réserve alimentaire comme des rosiers sauvages dont ils mangeront les baies tout au long de l'hiver.

Les moqueurs peuvent chanter la nuit tant au printemps qu'à l'automne, souvent lors de la pleine lune ou si l'oiseau vit près d'un lampadaire.

Votre mangeoire est sur son territoire !

Certaines gens se plaignent qu'un moqueur chasse tous les autres oiseaux de leur mangeoire. Ceci peut survenir à l'automne et en hiver si votre mangeoire est située dans l'aire d'hivernage du moqueur. L'oiseau ne défend pas la mangeoire, mais plutôt un buisson ou un arbre voisin où poussent des baies qui lui servent de nourriture pendant tout l'hiver. Il chasse les autres oiseaux pensant qu'ils veulent lui voler sa provision de baies. La seule solution est de déplacer votre mangeoire, en espérant qu'elle se trouve cette fois hors du territoire du moqueur.

Des attitudes bizarres

Certains comportements des moqueurs étonnent les gens. L'un d'eux, un vol en boucle, survient au printemps. Entre deux séries de chants livrés d'un perchoir élevé, l'oiseau s'envole, fait une courte boucle, et parfois même une double boucle, puis revient s'installer au perchoir. Durant son court vol, une bonne partie du blanc de ses ailes et de sa queue sont visibles. Ce vol en boucle est exécuté par le mâle et sert généralement à annoncer sa présence à des partenaires potentielles et aux autre mâles des environs.

Un autre comportement survenant à l'automne pourrait être appelé «danse frontalière». À la frontière commune de leurs territoires, deux oiseaux posés au sol se font face, têtes et queues soulevées, et sautillent d'un côté à l'autre et de l'avant à l'arrière. Cette parade sert peut-être à délimiter leurs territoires respectifs.

Finalement, il y a le déploiement des ailes, parade souvent effectuée quand l'oiseau est au sol. Il soulève lentement ses ailes de façon saccadée, puis les abaisse. Cette parade peut survenir quand l'oiseau est seul et en train de se nourrir ou à l'automne entre jeunes moqueurs en quête d'une aire d'hivernage et adultes déjà établis. Dans le premier

Moqueur polyglotte. Oiseau de taille moyenne grisâtre dessus et plus pâle dessous. Il a une longue queue et sur chaque aile, une petite plage blanche plus visible lorsqu'il vole. Le mâle et la femelle se ressemblent.

cas, cette parade sert peut-être à effrayer les insectes pendant qu'il se nourrit; dans le second cas, c'est peut-être une parade d'intimidation. Sa véritable utilité étant inconnue, il vous faut donc l'observer de près et voir si vous pouvez élaborer votre propre théorie.

Les moqueurs aux mangeoires

À l'exception des graines de tournesol décortiquées, les moqueurs sont peu attirés par les graines offertes aux autres oiseaux. Ils préfèrent les pommes et les raisins et mangeront du suif ou du beurre d'arachide s'ils en trouvent à leur portée.

À l'état sauvage, les moqueurs vivent dans des endroits où il y a des baies et des fruits, surtout ceux du rosier sauvage et du cèdre rouge. Ils mangent aussi beaucoup d'insectes, les capturant au sol et parfois au vol.

Exemple de carnet d'observation

2 juin 8 h. Le Moqueur polyglotte mâle d'à côté a chanté presque toute la nuit. Haut perché sur une branche, il a ainsi chanté tous les jours ce printemps. Ou bien il a perdu sa partenaire ou il est seul cette année; autrement, il aurait arrêté de chanter.
29 août, 11 h. Cinq ou six moqueurs viennent d'arriver sur notre terrain. Ce sont sans doute des jeunes en quête d'une aire d'hivernage. Les moqueurs habitant les lieux ont commencé à les chasser et à utiliser leur parade d'intimidation : ils se font face, chacun soulève et abaisse brusquement les ailes, puis ils s'envolent à tour de rôle.

Moqueur polyglotte au nid avec ses oisillons qui attendent leur repas.

Carte de répartition du Moqueur polyglotte

LA TOURTERELLE TRISTE

Zenaidura macroura

Qui se plaint de quoi ?

La Tourterelle triste doit son nom à son cri lent et plaintif entendu généralement très tôt le matin. Presque exclusivement émis par le mâle au printemps et en été ce cri est une série de roucoulements ressemblant à *ou-ah-ou, ou, ou, ou.* En réalité, la tourterelle mâle ne pleure pas, il essaie d'attirer une femelle ou de défendre un petit espace autour de son nid.

Les Tourterelles tristes émettent un seul autre cri, qui est une version écourtée de cette série de roucoulements. Ce *ou-ah-ou* est plus souvent exécuté par le mâle qui appelle la femelle au nid lorsque le couple choisit une aire de nidification ou construit le nid. Ce cri peut aussi être émis par le mâle ou la femelle au cours de la parade amoureuse ou lors de conflits territoriaux.

Prête à toute éventualité

Les Tourterelles tristes se nourrissent presque exclusivement de petites graines tombées au sol. Ce sont d'assez gros oiseaux qui, bien que rapides en vol, sont lents à décoller, ce qui les rend vulnérables face aux prédateurs comme l'Épervier brun et l'Épervier de Cooper ou les chats qui peuvent les attraper pendant qu'ils mangent.

La tourterelle possède deux adaptations qui l'aident à se protéger des prédateurs. Tout d'abord, un grand jabot (poche de l'œsophage servant de réserve alimentaire) qui lui permet d'avaler de grandes quantités de graines en peu de temps, puis se retirer en un endroit sûr pendant que les graines descendent lentement dans son estomac. L'autre adaptation sont des plumes qui s'enlèvent facilement, de sorte que lorsqu'un prédateur l'attrape, la tourterelle peut éventuellement s'échapper en n'y laissant que quelques plumes.

Comportement aux mangeoires

Lorsque plusieurs Tourterelles tristes se trouvent à votre mangeoire au sol, attendez-vous à assister à un comportement intéressant. En hiver, vous pourriez voir un oiseau courir en direction d'un autre avec la tête et la queue en position horizontale ou voir un oiseau baisser et lever rapidement une aile ou les deux. Ces gestes sont exécutés par les oiseaux dominants d'une volée et servent à éloigner les autres oiseaux des meilleures places à la mangeoire. La tourterelle peut même diriger ce battement d'ailes vers un écureuil qui mangera trop près d'elle; dans tous ces cas, l'aile peut être abaissée si rapidement qu'elle émet un genre de claquement.

Au moment des parades amoureuses printanières des tourterelles, vous pourrez observer divers comportements. Le mâle court et sautille sur de courtes distances après les femelles, penche la tête jusqu'à ce qu'elle touche le sol et émet le cri *ou-ah-ou ou ou.* Ce comportement survient tout au long du printemps et de l'été à votre mangeoire au sol.

Comportement d'automne et d'hiver

En automne et en hiver, vous remarquerez que les Tourterelles tristes alternent entre manger et se regrouper dans un arbre voisin pour prendre le soleil, lisser leurs plumes et se reposer. Ils profitent sans doute de cette période pour digérer les graines qu'ils ont emmagasinées dans leur jabot.

Au printemps et en été, les Tourterelles tristes font souvent leurs parades amoureuses tout près de votre mangeoire. Mâles et femelles se perchent en couples et le mâle, assis droit, ébouriffe les plumes irisées de sa gorge, agite la queue et émet un long roucoulement *ou-ah-ou, ou, ou, ou.* Ou encore il se penche et roucoule devant la femelle posée sur une branche. Souvent, elle s'éloigne sur une faible distance et il la suit. Ce manège peut se poursuivre toute la journée. Nous y assistons pendant plusieurs mois à chaque été dans notre jardin.

Accouplement des tourterelles

Si vous observez vos Tourterelles tristes à distance, c'est-à-dire loin des mangeoires, vous avez de bonnes

Tourterelle triste, adulte. Cet oiseau de taille moyenne, semblable au pigeon, a une queue longue et pointue, la tête et la poitrine beige, les ailes et le dos gris. L'adulte a un point noir sur la joue. Le mâle et la femelle se ressemblent.

Tourterelle triste, juvénile. Contrairement à l'adulte, le jeune n'a pas de point noir sur la joue et les plumes de ses ailes ont une extrémité fine de couleur chamois.

Carte de répartition de la Tourterelle triste

chances de les voir s'accoupler. Il y a plusieurs indices dans leur comportement qui permettent de prévoir le moment de l'accouplement. Tout d'abord, vous verrez deux oiseaux perchés côte à côte; l'un d'eux lisse la tête de l'autre et ils peuvent se tenir mutuellement le bec et agiter leurs têtes de bas en haut. Le mâle monte ensuite sur le dos de la femelle. Au bout de quelques secondes, il descend et les deux oiseaux lissent leurs plumes pendant un moment avant de s'envoler. La copulation se déroule habituellement sur le territoire du mâle, et le nid du couple sera probablement tout près de votre site d'observation.

Exemple de carnet d'observation

8 juin, 14 h. Une tourterelle triste visite le bain d'oiseaux. Elle boit différemment des autres oiseaux. Au lieu de prendre un peu d'eau et de pencher sa tête vers l'arrière pour avaler, la tourterelle peut avaler l'eau à travers son bec qu'elle garde dans l'eau pendant qu'elle boit.
7 juillet, 11 h. Une tourterelle a pris un bain de soleil près de notre mangeoire au sol. Elle s'est placée sur un côté, avec une aile complètement déployée et la queue en éventail. Elle est restée ainsi figée pendant plus de cinq minutes. Puis, elle s'est retournée et a étendu l'autre aile, la tête complètement penchée d'un côté. Cinq minutes plus tard, elle s'est envolée vers une arbre et a lissé ses plumes.

LES SITTELLES

La Sittelle à poitrine blanche / *Sitta carolinensis*
La Sittelle à poitrine rousse / *Sitta canadensis*

Un plongeur émérite

L'une des premières choses que les gens remarquent chez les sittelles est leur habilité à se mouvoir tête première sur les troncs d'arbres. Ceci leur permet de découvrir leur nourriture (notamment des larves d'insectes) que les oiseaux qui se déplacent la tête en haut comme les pics peuvent ne pas voir.

Quand vous voyez un oiseau se déplacer vers le bas d'un arbre tête première, utilisez cet indice pour identifier l'oiseau car les sittelles sont la seule de nos espèces à avoir cette faculté. Les oiseaux qu'on voit régulièrement grimper aux troncs des arbres incluent les pics, le grimpereau brun et les sittelles qui, elles, peuvent se déplacer dans les deux sens.

Une réserve de noix

Pour manger une graine de tournesol ou une noix, la sittelle l'enfonce généralement dans une crevasse d'écorce et l'ouvre. Cet oiseau cueille souvent de la nourriture aux mangeoires et l'entrepose dans des crevasses d'écorce pour la manger plus tard, recouvrant même sa nourriture d'un morceau d'écorce ou de lichen. Vous pouvez aisément observer leur manège si vous suivez leurs déplacements quand ils quittent votre mangeoire.

Une fois, nous avons vu une sittelle quitter notre mangeoire avec une graine de tournesol et l'entreposer dans l'écorce d'un pin. Posé dans le même arbre, un junco observait la sittelle et dès qu'elle partit, il s'empara de la graine. Nous avons aussi vu des Mésanges bicolores piller les réserves des sittelles.

Petit lexique des cris de sittelles

Hank hank – Ce cri est émis à l'année par le mâle et la femelle. Les partenaires communiquent habituellement entre eux en émettant un simple *hank hank*. Une série de *hank* rapides constitue probablement une réponse à une situation inquiétante.

Ip ip – C'est un appel très aigu et calme que les partenaires s'adressent en se déplaçant dans les bois, quand ils se nourrissent à peu de distance l'un de l'autre.

Oueur-oueur-oueur-oueur – Cette série rapide de notes est le chant de la sittelle mâle. Il l'émet généralement du haut des arbres à la fin de l'hiver ou au printemps au début de la parade amoureuse.

Un visiteur de trop

Si vous entendez des *hank* rapides, sortez et vous verrez probablement deux ou plusieurs sittelles, la tête en bas et les plumes du dos ébouriffées, avançant l'une vers l'autre sur un tronc d'arbre. Parfois, elles étendent leur queue et ouvrent légèrement les ailes ou se pourchassent en vol. Ce sont des rencontres agressives entre deux mâles ou deux femelles dont les territoires se chevauchent.

Le mâle et la femelle demeurent ensemble tout l'hiver sur un territoire de 10 à 18 hectares dont une portion leur servira d'aire de reproduction qu'ils défenderont avec plus d'agressivité. Les territoires des sittelles se chevauchent parfois et lorsque les oiseaux se rencontrent dans ces limites, ils peuvent

Sittelle à poitrine blanche, femelle. Oiseau au dos gris, calotte gris foncé ou argenté et gorge blanche.

Sittelle à poitrine blanche, mâle. Le mâle ressemble à la femelle, mais sa calotte est noir jais.

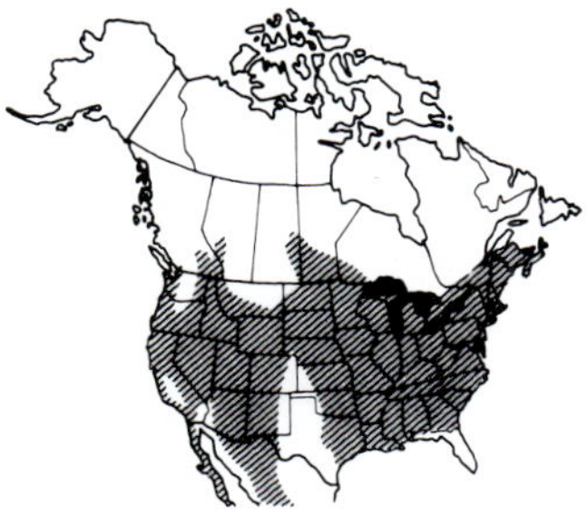

Carte de répartition de la Sittelle à poitrine blanche

Sittelle à poitrine rousse, mâle. Petit oiseau au dos gris, calotte foncée, ligne noire traversant l'œil et ventre roux clair. La calotte et le ventre du mâle sont plus foncés que chez la femelle. (non illustrée)

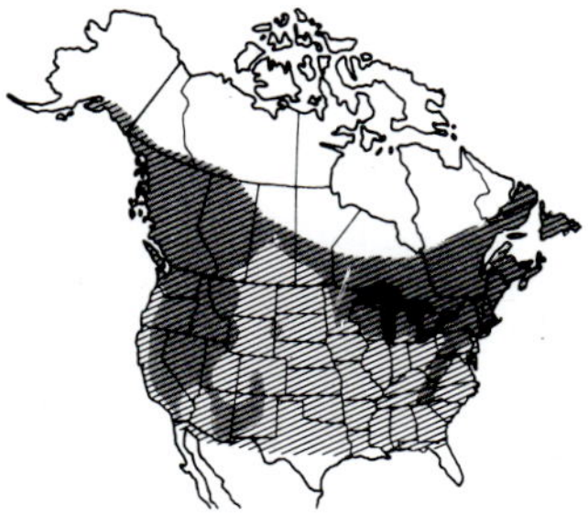

Carte de répartition de la Sittelle à poitrine rousse

faire preuve d'agressivité. Ces rencontres impliquent souvent un couple et un troisième oiseau ou deux couples.

Le mâle et la femelle se distinguent par l'étendue et l'intensité du noir sur leurs têtes. Chez le mâle, cette marque est étendue et noir jais; chez la femelle, elle est plus limitée et est entièrement gris argenté ou grise avec des taches noires. Recherchez ces différences car elles vous permettront d'identifier les couples.

Parade amoureuse hivernale

Les sittelles peuvent entreprendre leurs parades amoureuses dès janvier. Souvent par une matinée ensoleillée, vous pourrez entendre le mâle chanter. Pour lui répondre, la femelle s'approchera et perchée tout près, elle demeurera immobile. Après un moment, les deux s'envoleront pour se nourrir et passeront la journée ensemble. Vers la fin du jour, chacun regagne son perchoir nocturne.

La becquée est un autre comportement de la parade amoureuse de la sittelle. Le mâle prend un morceau de nourriture, vole vers la femelle, puis lui place le morceau dans le bec.

À poitrine rousse ou à poitrine blanche?

La Sittelle à poitrine rousse pourrait aussi vous rendre visite. Son comportement est similaire à celui de la Sittelle à poitrine blanche, mais elle émet des sons différents, dont le plus fréquent est nasillard et ressemble à *mîp mîp*.

La Sittelle à poitrine rousse hiverne au sud de son aire de reproduction qui est habituellement situés au Nord.

Exemple de carnet d'observation

21 décembre, 16 h 30. Nous avons observé une sittelle mâle choisir un nichoir en guise de dortoir. Nous sommes sortis à la tombée du jour et l'avons aperçu à la mangeoire. En émettant un dernier *îp*, il s'est envolé vers l'entrée du nichoir et a disparu sans se retourner, bien au chaud et relativement en sécurité pour la nuit

LE PIGEON BISET

Columba livia

Le premier oiseau domestiqué

On dit qu'un animal est domestiqué quand il a été élevé, soigné et dompté par des humains, et qu'il est physiquement différent de ses ancêtres sauvages, en raison d'une reproduction sélective. On croit que le pigeon est le premier oiseau à avoir été domestiqué, et ce, à une période aussi reculée que 4 500 ans avant Jésus-Christ, et qu'au Moyen-Orient, les pigeons auraient même été élevés pour leur chair. Leur habilité à retrouver leur pigeonnier a été utilisée pour porter à grandes distances des nouvelles comme le déroulement des combats ou les résultats des premiers Jeux Olympiques. On s'en est même servi pendant la Deuxième guerre mondiale pour porter les messages.

En observant les pigeons, vous noterez plusieurs variations dans leurs couleurs. Elles sont le résultat d'une reproduction sélective par des éleveurs qui voulaient les faire participer aux concours de beauté ou à des compétitions sportives.

Retrouver son pigeonnier

Les pigeons peuvent retourner à un endroit spécifique – leur pigeonnier – en partant de distances pouvant même atteindre des milliers de kilomètres. Les éleveurs ont amélioré cette habilité en relâchant graduellement les pigeons de plus en plus loin de leur pigeonnier. Cependant, l'envoi de messages par pigeons-voyageurs n'est pas aisé car l'envoyeur doit tout d'abord trouver un pigeon dont la région d'origine ressemble à celle où le message doit être livré.

Tous les oiseaux migrateurs démontrent d'étonnantes facultés d'orientation, car les voyages annuels entre l'aire d'hivernage et l'aire de nidification sont particulièrement longs. Beaucoup reste encore à apprendre sur cette faculté de retrouver son chemin, mais des études menées sur des pigeons ont révélé que ces oiseaux utilisent différentes méthodes. Entre autres, ils mémorisent certains points de repère, ils s'orientent sur le soleil et les étoiles et ils sont sensibles au champ magnétique terrestre.

Un oiseau au vol rapide

Les pigeons sont parmi les oiseaux au vol le plus souple, et quiconque les a observés contourner les vents dans des rues urbaines en conviendra. Ils sont aussi parmi les plus rapides, ayant été chronométrés à plus de 131 km à l'heure. Ces facultés proviennent sans doute de leur habitat d'origine le long des falaises et des affleurements rocheux des bords de mer où des vents violents exigeaient un vol puissant pour se poser sur ces étroites parois.

Ces falaises sont aussi l'habitat du Faucon pèlerin, probablement le plus rapide de tous les oiseaux. Comme le Faucon pèlerin capture des Pigeons au vol pour se nourrir, le pigeon a peut-être perfectionné certaines de ses habiletés aériennes pour échapper à ses attaques.

Des parades aériennes

Dans son vol habituel le pigeon est silencieux et ses coups d'ailes sont profonds et puissants, mais il peut voler de façon très différente autour de son nid. À l'envol, il donne alors de grands coups d'ailes, en faisant battre ses ailes à l'unisson avec une sorte de claquement. Dès qu'il est en vol, il alterne ce battement d'ailes avec des vols planés dans lesquels il tient ses ailes en V au-dessus de son dos et déploie largement les plumes de ses ailes.

Recherchez ce comportement près des ponts et des édifices où nichent les pigeons. Il est généralement exécuté par le mâle et incite les autres oiseaux à agir de même. On ne sait pas quel rôle il joue dans la parade amoureuse des pigeons.

Des immigrants

Le Pigeon biset est originaire d'Europe et du Moyen-Orient et en Amérique du Nord, il fut introduit tout d'abord en Nouvelle-Écosse, en 1606. Au cours des cinquante années suivantes, il a été amené au Massachusetts et en Virginie et par la suite, il s'est

Pigeon biset. Oiseau familier de taille moyenne ayant différentes teintes de gris, de brun ou de blanc sur les plumes et une marque blanche au haut de son bec. L'iridescence de son cou ressort sous un bon éclairage. Le mâle et la femelle se ressemblent.

Carte de répartition du Pigeon biset

répandu partout en Amérique du Nord grâce à plusieurs facteurs. L'activité humaine et la circulation motorisée ne le dérangent aucunement; il n'est pas difficile quant à sa nourriture, et il se satisfait du peu qu'il trouve dans les villes; les édifices et les ponts sont tellement semblables aux parois rocheuses des aires de nidification de l'habitat de ses ancêtres, qu'il les a adoptés sans problème pour nicher.

Comportement aux mangeoires

Lorsque nous voyons un groupe de pigeons en train de manger, nous prenons le temps d'observer plusieurs de leurs fascinants comportements. Il y a tout d'abord une salutation qu'un oiseau fait habituellement immédiatement après son atterrissage parmi d'autres pigeons. Il gonfle les plumes de son cou, baisse la tête et exécute des demi-cercles ou des tours complets. La salutation est généralement exécutée par des mâles voulant affirmer leur dominance sur d'autres mâles ou pour tenter d'attirer une femelle.

Parfois, l'oiseau qui a exécuté cette révérence face à son partenaire continue sa parade en levant haut la tête et en traînant les plumes de sa queue déployée sur le sol. Ce comportement des plus impressionnant dure plusieurs secondes.

Finalement, il peut arriver que deux pigeons se mettent à courir l'un derrière l'autre parmi ou loin des autres oiseaux en train de se nourrir, l'un des deux semblant entraîner l'autre. Le mâle suit généralement la femelle mais il peut arriver que ce soit le mâle qui entraîne la femelle à l'écart des autres mâles avec qui il devrait rivaliser. Ce comportement est très fréquent.

Oiseau des villes

Nous n'avons pas de pigeons à nos mangeoires parce que nous n'habitons pas assez près d'un centre urbain. Mais lorsque nous allons en ville, nous prenons le temps de nous asseoir sur un banc de parc et d'observer le comportement des pigeons. Il y a toujours des choses à découvrir au sein d'un groupe de pigeons, et ces oiseaux sont si habitués aux humains que vous pouvez examiner leurs parades de très près.

Chaque fois que vous le pouvez, prenez le temps d'observer les pigeons; leur comportement est un spectacle fascinant que des milliers de citadins voient quotidiennement sans même y prêter attention.

LE TARIN DES PINS

Carduelis pinus

Groupes et volées

De l'automne au début du printemps, les Tarins des pins forment d'immenses volées comprenant entre cinquante et mille oiseaux; mais les groupes de quelque deux cents individus sont fréquents. D'autres espèces comme les sizerins, les chardonnerets et les becs-croisés peuvent se joindre à ces groupes dans leurs quêtes de nourriture. Ces vols mixtes ne sont pas des associations permanentes, mais plutôt le résultat d'oiseaux attirés par les mêmes sources alimentaires, tels les fruits de bouleaux et d'aulnes.

Au printemps, les Tarins des pins deviennent plus agressifs les uns envers les autres; les larges volées se scindent en petits groupes de cinq à dix oiseaux qui demeureront ensemble même pendant la saison de nidification. Un couple défendra une petite surface autour de son nid, mais il peut laisser d'autres tarins atterrir ou nicher dans le même arbre. Quand le couple quitte le site du nid pour se nourrir, d'autres tarins viennent souvent le rejoindre. Cette tendance à vivre en groupe fait penser au comportement du jaseur d'Amérique qui demeure en groupe toute l'année.

Agressifs aux mangeoires

Le Tarin des pins peut être très agressif aux mangeoires envers d'autres tarins et d'autres espèces qui ont à peu près sa taille (chardonnerets) ou même un peu plus gros (Mésanges bicolores). Il montre son agressivité par une parade dans laquelle ils avance la tête et pointe son bec ouvert en direction de l'intrus, soulevant parfois légèrement les ailes. Plus la mangeoire est populaire, plus grande est la rivalité pour se faire une place de choix.

Cette parade menaçante, commune à plusieurs espèces d'oiseaux, dont les mésanges, les roselins et les chardonnerets, est l'une de celles qu'on voit le plus fréquemment aux mangeoires.

De grands voyageurs

Vous ne pouvez avoir la certitude de voir des Tarins des pins à un endroit précis à une période spécifique de l'année. Ils sont très irréguliers dans leurs habitudes de reproduction et de migration et semblent se déplacer beaucoup en fonction de la nourriture disponible. Lorsqu'ils trouvent un endroit où la nourriture abonde, ils y restent, puis s'en vont quand il n'y en a plus. Si vous demeurez dans l'Est ou le Midwest, il est possible que vous receviez la visite de plusieurs tarins une année, et d'aucun l'année suivante.

Les tarins aux mangeoires

Principalement granivore le Tarin des pins se nourrit des graines de conifères, de bouleaux, d'aulnes, d'eucalyptus et de diverses mauvaises herbes poussant le long des routes et dans les champs. Il se déplace habilement sur des branches minces et se tient à l'envers pour cueillir les graines des arbres. Au printemps, il mange aussi des fleurs et les nouvelles graines des érables ou des ormes.

Ses autres habitudes alimentaires incluent des pucerons sur les feuilles, les fleurs et feuilles de jeunes plantes, et il est parfois indésirable dans le jardin quand il s'attaque aux jeunes pousses de légumes. De temps à autre, il est attiré par le sel et la cendre. Cette dernière habitude a été notée par beaucoup de gens, surtout l'hiver, quand les oiseaux sont attirés par le sel utilisé pour faire fondre la neige et la glace sur les routes.

Il semble aimer les mangeoires suspendues ou les plateaux contenant des graines de tournesol ou de chardon décortiquées. À l'instar des chardonnerets, il a tendance à manger là où il s'installe plutôt que de prendre une graine et aller la manger ailleurs comme le font les mésanges.

Chants et cris du Tarin des pins

Le Tarin des pins a des cris et des habitudes de vol semblables à celles de son proche cousin, le Chardonneret jaune (les deux espèces appartiennent au genre *Carduelis*). Son cri de vol est formé de trois

Tarin des pins. Petit oiseau rayé de brun au bec fin et pointu et aux marques jaunes sur les ailes et la queue.

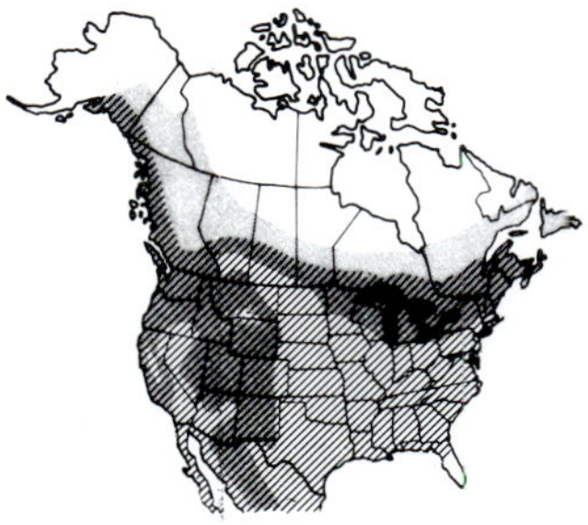

Carte de répartition du Tarin des zpins

syllabes *tit-i-tit* et son vol est ondulé. Au vol, le tarin a tendance à demeurer en groupe, à voler haut et à se poser rapidement.

Dès que le groupe s'est posé, les oiseaux se font entendre et leurs nombreux cris comprennent un sifflement aigu *zouii-i-i-i-t* comme celui du chardonneret et un appel distinctif ressemblant à *zzzzzzz* et qu'on pourrait comparé à une fuite de vapeur. C'est un son rauque émis fréquemment.

À la fin de l'hiver, les Tarins des pins se regroupent le matin au sommet des arbres et chantent sans arrêt pendant plusieurs heures. Leur chant, quelque peu semblable au chant du canari, est un mélange de pépiements et de notes *zouii-i-i-i-t*, mêlé à leur son rauque «*zzzzzzz*». On ignore à quoi sert ce chant, mais il est intéressant de noter que ce comportement est semblable à celui des chardonnerets au printemps.

Parade amoureuse du Tarin des pins

Le Tarin des pins commence sa cour en janvier et février alors que les oiseaux sont encore en groupes d'hiver, et vous pouvez assister à deux de ses parades. Tout d'abord, la recherche d'une partenaire; le mâle prend de la nourriture dans son bec, vole vers la femelle et la lui offre. En recevant la nourriture, la femelle peut s'accroupir et battre des ailes.

Ensuite, il y a la parade de vol du mâle. Quittant un perchoir situé près de la femelle, il vole en cercles avec la queue déployée et des battements d'ai rapides et, en chantant continuellement, il exécute ses cercles de plus en plus hauts. Bientôt, il cesse de voler et vient se poser sur un perchoir près de sa partenaire. Il peut alors répéter sa parade de vol.

Exemple de carnet d'observation

21 mars, 11 h. Un groupe de quelque cinquante Tarins des pins est arrivé dans notre jardin et a adopté nos mangeoires suspendues remplies de graines de tournesol décortiquées. Trop nombreux pour se nourrir tous ensemble, ils sont très agressifs, se délogeant l'un l'autre des perchoirs. Ils alternent les périodes d'alimentation avec des périodes où ils se perchent au haut d'arbres avoisinants, chantant et lissant leurs plumes. L'an dernier nous n'avons pas vu un seul tarin !
9 mai, 10 h. Les tarins sont toujours là et nous nous demandons combien de temps ils resteront avant de s'envoler au nord vers leurs aires de nidification. Nos mangeoires bien fournies leur ont-elles fait oublier leur migration ?
11 mai, 14 h. Les tarins semblent être partis, car nous ne les avons pas vus, ni hier ni aujourd'hui. Nous devrons attendre à l'an prochain avant de les revoir.

LE CAROUGE À ÉPAULETTES

Agelaius phoeniceus

Où donc est la femelle?

La plupart des gens sont familiers avec le Carouge à épaulettes mâle dont le plumage est à l'origine du nom de l'espèce mais quand ils aperçoivent la femelle pour la première fois, ils croient avoir affaire à une toute autre espèce d'oiseau. Elle n'a ni le plumage noir ni la tache rouge vif sur l'aile comme le mâle, mais elle est plutôt rayée de brun. Elle ressemble un peu à un gros bruant.

Au printemps, les mâles atteignent les aires de nidification les premiers. Tous les matins et après-midis, vous pourrez les voir dans les marais où ils se reproduisent généralement. Au bout d'une à deux semaines, les femelles arrivent et dès lors, les marais fourmillent d'activité. Les mâles défendent leurs territoires plus activement, courtisent et pourchassent les femelles qui commencent parfois à construire les nids. Si vous les observez, vous pouvez les voir voler avec du matériel de nidification et en suivant leurs déplacements, vous pourriez localiser un nid.

Lexique des cris de carouges

O-ka-lî – Son le plus souvent émis par le carouge et uniquement par le mâle. Lorsqu'il exécute ce chant sur son territoire, il a l'habitude d'étendre simultanément ses ailes. (Voir ci-dessous la description de la parade d'intimidation qui accompagne ce chant.)

Tch'tch'tch'tchî-tchî-tchî – Chant le plus fréquent de la femelle et qui n'est pas émis par le mâle.

Tchek-tchek – Cri court et rauque donné par le mâle et la femelle quand ils sont dérangés. Ils agitent généralement la queue en l'émettant.

Le carouge émet plusieurs autres sons qu'il est amusant d'écouter et d'essayer de distinguer.

Comportement du mâle

Le carouge mâle a un langage gestuel que vous pouvez apprendre et comprendre. Ces gestes sont utilisés pour communiquer entre eux aux mangeoires et au site de nidification. La parade d'intimidation est la plus commune; penché vers l'avant, le mâle déploie ses ailes sur les côtés pour en exposer les épaulettes rouge vif. Ce geste est habituellement un signe de dominance adressé à un autre mâle. Vous pourrez facilement observer ce comportement sur le territoire du carouge et parfois à votre mangeoire.

Vous pourriez aussi assister à une autre parade, alors que deux mâles perchés à proximité l'un de l'autre à une limite territoriale ou à votre mangeoire, pointent leurs becs vers le haut. Ce comportement constitue une parade compétitive entre deux mâles, une sorte d'exhibition servant à régler un conflit sans qu'il y ait combat.

Le dortoir hivernal

Depuis l'automne jusqu'à la fin du printemps, les carouges perchent en groupe chaque nuit dans de grands dortoirs communautaires, généralement situés aux abords des marais ou dans des arbres touffus.

Carouge à épaulettes, mâle. Oiseau noir de taille moyenne ayant une épaulette rouge et jaune sur l'aile. Le rouge peut être exposé ou recouvert.

Carouge à épaulettes, femelle. Oiseau de taille moyenne fortement rayé de brun avec parfois du rose ou du jaune pâle sur la gorge. Cette femelle est au nid.

Carte de répartition du Carouge à épaulettes

Vous pouvez les voir s'envoler en fin d'après-midi juste avant le coucher du soleil, formant de longues volées qui convergent toutes vers le site du dortoir. Pendant leur vol, ils émettent habituellement leur *tchek* caractéristique.

Nous aimons bien nous rendre près des endroits où ils perchent et les voir arriver par centaines ou par milliers. Nous nous amusons à faire un recensement approximatif des volées d'oiseaux, les comptant par cinq ou par dix et en notant le nombre total. D'autres espèces apparentées, Vachers à tête brune, Quiscales bronzés et Quiscales rouilleux, viennent souvent rejoindre les carouges.

Les carouges aux mangeoires

Bien que territoriaux, les carouges peuvent quitter leur territoire pendant une partie de la journée pour chercher leur nourriture ailleurs. Quand ils délaissent les marais où ils se nourrissent d'insectes, ils vont dans les champs manger des graines; cette préférence peut aussi les conduire à vos mangeoires. Ils aiment le maïs concassé et d'autres graines plus petites. Comme la plupart des oiseaux, ils nourrissent leurs oisillons en pleine croissance principalement avec des insectes, car ceux-ci sont riches en protéines.

Exemple de carnet d'observation

12 mars, 10 h. Les premiers chants des carouges se font entendre dans les champs nous faisant croire que le printemps est déjà là. Nous avons vécu cette expérience trop souvent pour nous laisser berner. Ce ne sont là que des migrateurs précoces et l'hiver est loin d'être fini.
13 juin, 10 h. Chaque fois que nous allons dans le champ vérifier les progrès de nos framboisiers, un couple de carouges se met à voleter et à lancer des *tchek sonores*. Ils ont probablement un nid tout près.
15 juin, 9 h. En surveillant les déplacements de la femelle autour des framboisiers, nous avons découvert son nid. Fait d'herbes, il est fixé à plusieurs tiges dans une touffe de verges d'or. Il y a quatre oisillons couverts d'un peu de duvet. Après avoir jeté un coup d'œil au nid, nous sommes partis et les parents ont continué de nourrir leurs petits.

LES BRUANTS

Le Bruant à couronne blanche / *Zonotrichia leucophrys*
Le Bruant à gorge blanche / *Zonotrichia albicollis*
Le Bruant chanteur / *Melospiza melodia*
Le Bruant des neiges / *Plectrophenax nivalis* **Le Bruant fauve / *Passerella iliaca***
Le Bruant hudsonien / *Spizella arborea* **Le Bruant lapon / *Calcarius lapponicus***

De petits oiseaux bruns

Beaucoup de gens considèrent toutes les espèces de bruants comme de petits oiseaux bruns, croyant sans doute que pour distinguer une espèce d'une autre, il faut être un spécialiste ou aimer couper les cheveux en quatre; ils ont tort. Plusieurs bruants sont faciles à identifier, et ceci inclut ceux qui visitent régulièrement vos mangeoires.

Premièrement, quelques espèces seulement fréquentent nos mangeoires, certaines à l'année, et d'autres en hiver ou en été seulement (certains d'entre eux sont souvent confondus avec le Moineau domestique). Parmi ces visiteurs, notons entre autres le Bruant à couronne blanche, le Bruant à gorge blanche, le Bruant chanteur, le Bruant des neiges, le Bruant fauve, le Bruant hudsonien et le Bruant lapon.

Pour différencier les bruants, observez les motifs de leur poitrine et de leur tête. Les quatre espèces suivantes ont la poitrines *unie* mais différents caractères les distinguent : le Bruant à couronne blanche est entièrement gris, à l'exception des rayures noires et blanches sur sa tête; le Bruant à gorge blanche a la gorge blanche, une tache jaune entre le bec et l'œil, et sa tête est rayée blanc et noir ou chamois et brun; le Bruant des neiges est plutôt beige en hiver et il a des taches blanches aux ailes; le Bruant hudsonien a une calotte rousse et une tache foncée au centre de la poitrine.

Le Bruant chanteur, le Bruant fauve et le Bruant lapon (en hiver) ont la poitrine rayée de *brun*. Une partie de leur poitrine est plus foncée, là où les taches sont plus nombreuses. Le Bruant chanteur est d'un brun terne; le Bruant fauve a une queue rousse (dans l'Est, il est entièrement roux) et est beaucoup plus gros que les autres bruants.

Des chanteurs printaniers

Bien que les Bruants à couronne blanche, fauves, et hudsoniens chantent surtout dans leurs aires de nidification qui se situent loin au Nord, vous pourrez peut-être les entendre chanter à votre mangeoire à la fin de l'hiver et au printemps avant leur migration.

Le chant du Bruant à gorge blanche est très distinctif : une ou deux notes claires et détachées, suivies de trois notes tremblotantes émises sur un ton différent. Certains ornithologues disent que ce chant ressemble à *Où es-tu Frédéric, Frédéric, Frédéric ?.*

Les chants des espèces qui nichent au Nord sont difficiles à décrire et encore plus à identifier pour les

Bruant chanteur. Petit oiseau brun à poitrine rayée avec une tache sombre au centre. Le mâle et la femelle se ressemblent.

Carte de répartition du Bruant chanteur

Bruant à gorge blanche, forme à bandeaux blancs. Petit oiseau brun à poitrine unie, gorge blanche, raies blanches et noires sur la tête et tache jaune entre le bec et l'œil. Le mâle et la femelle se ressemblent.

Carte de répartition du Bruant à gorge blanche

débutants. Nous vous suggérons d'écouter des enregistrements de chants d'oiseaux (quelques suggestions figurent en page 84), et d'essayer ensuite de les reconnaître à votre mangeoire à la fin de l'hiver.

Le Bruant chanteur est un habitué des mangeoires qui niche partout en Amérique du Nord, et s'il est attiré par votre mangeoire, il pourrait même nicher dans votre jardin. Son chant consiste en une courte note répétée plusieurs fois, et suivie d'une série de gazouillis. Il chante du haut d'un arbuste ou d'un petit arbre pour délimiter son territoire et il niche généralement dans des aires ouvertes en banlieue et à la campagne.

Les bruants aux mangeoires

Il est amusant d'observer les bruants se nourrir aussi bien aux mangeoires que dans la nature. La plupart de nos bruants préfèrent se nourrir au sol ou dans un plateau avec à proximité un couvert broussailleux pour s'y réfugier en cas de danger. Dans la nature, ils mangent les graines des mauvaises herbes et on les voient dans les champs ou le long des routes. Ceci est particulièrement vrai pour les Bruants à couronne blanche, chanteurs et des neiges.

Les Bruants hudsoniens se nourrissent souvent au-dessus du sol, cueillant des graines sur les mauvaises herbes et les arbres. On peut les voir manger les graines de bouleaux et d'aulnes en compagnie des Chardonnerets jaunes. Parfois, perchés au haut d'une plante herbacée, ils battent des ailes pour en faire tomber les graines, et se posent ensuite au sol pour les manger. Nous les avons vus agir ainsi sur des plants de molène. Ils se nourrissent souvent dans les arbres et pourraient fort bien visiter l'une de vos mangeoires suspendues.

Les Bruants à gorge blanche et fauves se nourrissent de façon légèrement différente. Ils sautillent de l'avant à l'arrière, tout en grattant la végétation avec leurs pattes, et découvrant parfois au sol des graines et des insectes sous les feuilles et les débris. Cette méthode leur permet de se nourrir à l'orée des forêts et en bordure des buissons dont le sol est jonché de feuilles.

Comportement hivernal

La plupart des bruants obvservés en hiver sont dans leur aire d'hivernage, leur lieu de vacances pour ainsi dire. À l'instar des humains qui passent leurs vacances au même endroit chaque année, les bruants reviennent à leurs aires d'hivernage. Donc, parmi les bruants que vous voyez à votre mangeoire, plusieurs des plus vieux peuvent y être venus avant.

L'hiver, chaque espèce établit ses structures sociales. Les Bruants fauves et chanteurs ont tendance à demeurer seuls ou en petits groupes de plusieurs oiseaux. Ces espèces passent habituellement tout l'hiver au même endroit. Les Bruants chanteurs mâles peuvent même rester dans leurs aires de nidification et ne partir que s'il y a pénurie de nourriture.

Bruant à gorge blanche, forme à rayures chamois. Petit oiseau brun à poitrine unie, gorge blanche, rayures chamois et brunes sur la tête et marques jaune pâle au-dessus du bec. Le mâle et la femelle se ressemblent.

Un Bruant à couronne blanche. C'est un petit oiseau grisâtre à la poitrine non tachetée et avec des rayures noires et blanches sur la tête. Il n'a pas de jaune au-dessus du bec et pas de blanc sur la gorge contrairement au bruant à gorge blanche. Le mâle et la femelle se ressemblent.

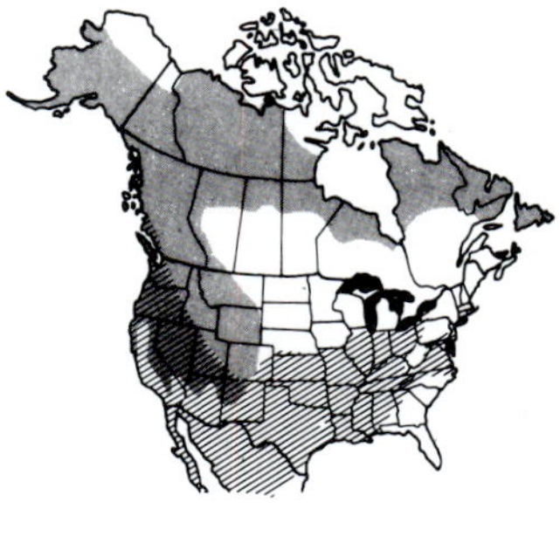

Carte de répartition du Bruant à couronne blanche

Les Bruants hudsoniens se regroupent en volées d'environ cinquante individus qui errent sur un grand territoire, et profitent de l'abondance des graines d'arbres. Ces volées se scindent parfois en plus petits groupes qui demeurent ensemble pendant tout l'hiver. Tous les Bruants hudsoniens d'une région donnée peuvent être organisés selon un ordre hiérarchique.

Les Bruants à gorge blanche se nourrissent habituellement en petits groupes de dix à quinze dans les bosquets et autre végétation dense.

Des études sérieuses ont révélé que les Bruants à couronne blanche restent en groupes de vingt-cinq à cinquante oiseaux. Parfois, ces groupes comptent un nombre constant d'oiseaux pendant tout l'hiver et s'établissent dans un territoire qui ne chevauche celui d'aucun autre groupe de Bruants à couronne blanche. Bien que chacun semble avoir son propre terrain, aucune agression entre groupes peut laisser croire à un comportement actif de défense territoriale. Par contre, il peut y avoir une rivalité pour la nourriture entre les membres d'un même groupe. Vous pourriez voir un oiseau s'élancer vers un autre et le déloger, ou deux oiseaux se faire face et battre des ailes au vol pendant une courte distance. Ce sont là des gestes de rivalité et d'agression indiquant qu'il existe une hiérarchie au sein du groupe.

Soyez attentif à tous ces types de comportement tant dans la nature qu'à votre mangeoire.

Bruant fauve. Oiseau brun roux de bonne taille fortement rayée de roux sur la poitrine avec parfois en son centre une tache distinctive; ailes et queue souvent rousses. Le mâle et la femelle se ressemblent. C'est le plus gros des bruants.

Carte de répartition du Bruant fauve

Exemple de carnet d'observation

11 novembre, 9 h. Nos premiers Bruants hudsoniens et Juncos ardoisés sont arrivés aujourd'hui. Migreront-ils plus au Sud ou resteront-ils avec nous cet hiver ? Leur arrivée à notre mangeoire au sol annonce le début de l'hiver.

12 mars, 16 h. Trois Bruants fauves à la mangeoire ! Ce sont les premiers que nous voyons cet hiver. Ils semblent très gros et très roux comparés aux autres bruants. Ils migrent sans doute vers le Nord. L'an dernier, nous en avons eu trois à la même date, peut-être s'agit-il des mêmes...

20 mars, 8 h 30. C'est une matinée claire et le temps s'est réchauffé. Nous venons d'entendre le chant magnifique des Bruants fauves et les Bruants à gorge blanche chantent dans les bois. Nous nous demandons pourquoi ils commencent à chanter en pleine migration.

20 avril, 10 h. Notre Bruant chanteur mâle est à la mangeoire au sol et chasse tous les petits oiseaux. Il a attaqué les Bruants à gorge blanche, les Juncos ardoisés et d'autres Bruants chanteurs. Entre ces altercations, il va dans les buissons et chante. Ce sont là les premiers signes du comportement territorial de cette année.

Bruant hudsonien. Petit oiseau brun à poitrine unie avec au centre une tache sombre. Le mâle et la femelle se ressemblent.

Carte de répartition du Bruant hudsonien

L'ÉTOURNEAU SANSONNET

Sturnus vulgaris

Des couleurs changeantes

L'une des caractéristiques les plus étonnantes de l'étourneau est le changement de son aspect au cours de l'hiver. Après sa mue annuelle de la fin d'été, où il perd toutes ses plumes, son bec devient plus foncé et son plumage noir est tacheté de petits V blancs. Le bout blanc de ses plumes disparaît avant le printemps, laissant l'étourneau entièrement foncé et chatoyant, surtout au niveau de la tête et du cou.

Le bec pâlit et chez le mâle, il devient jaune vif. Après la période de nidification, les oiseaux ont leur mue annuelle. Leur nouveau plumage est grivelé et leur bec redevient foncé. Observez ces changements chez les étourneaux aux alentours de chez vous.

Comment reconnaître les juvéniles

Les jeunes étourneaux de la première couvée de l'année deviennent autonomes au début de l'été. Vous les reconnaîtrez à leur plumage et à leur comportement. Ils sont de la même grosseur que leurs parents, mais sont brun foncé et ont le bec foncé. Ils mueront en même temps que les adultes à la fin de l'été. Après cette mue, les adultes et les oisillons sont identiques.

Dès qu'ils sont autonomes, les jeunes étourneaux se joignent à des groupes d'autres jeunes étourneaux qu'on peut voir se nourrissant ensemble sur les pelouses et le long des routes. Les adultes ne se tiennent pas en groupe l'été, car ils sont occupés à élever d'autres couvées. Après la nidification à la fin de l'été, ils rejoignent les jeunes et se nourrissent tous ensemble.

Rassemblements nocturnes

La plupart des gens ignorent comment les étourneaux dorment à moins d'habiter près d'un site dortoir. Les dortoirs sont des endroits où quelques centaines à quelques centaines de milliers d'étourneaux se réunissent pour la nuit. Ils sont généralement situés dans des lieux protégés comme des marais ou des plantations d'arbres. Dans les villes, ils sont situés sur les corniches sous les ponts.

Chaque soir, peu avant le coucher du soleil, les étourneaux rejoignent le dortoir depuis des régions éloignées, situées parfois à plus d'une quinzaine de kilomètres. En cours de route, ils s'arrêtent souvent pour se joindre à d'autres groupes au sommet des arbres. Durant ces haltes, ils crient bruyamment, s'envolent et se perchent sans arrêt.

L'arrivée au dortoir est spectaculaire. D'immenses volées tournoient au-dessus du site, plongent ensuite et s'y engouffrent à toute vitesse. Le dortoir est bruyant, souvent jusque tard dans la nuit.

Étourneau sansonnet adulte, en plumage de printemps et d'été. Oiseau noir de taille moyenne à bec jaune, tête et cou iridescents. Le mâle et la femelle se ressemblent.

On ne sait au juste pourquoi les oiseaux se rassemblent ainsi la nuit et surtout en si grand nombre. Certaines des plus récentes théories supposent que les dortoirs offrent une protection contre les prédateurs et comme ils sont situés près de sources d'alimentation les oiseaux peuvent se ravitailler en allant à leurs centres d'activités journaliers ou en revenant.

Les étourneaux aux mangeoires

Dans la nature, les étourneaux se nourrissent souvent en groupes. À l'automne, il n'est pas rare de les voir se poser dans un arbre fruitier, le nettoyer de tous ses fruits en quelques minutes, pour ensuite s'envoler. Ils sont très utiles comme prédateurs d'insectes nuisibles telles les larves du scarabée japonais et celles de la noctuelle (ver-gris), les sauterelles et d'autres insectes des champs ou des pelouses.

Aux mangeoires, ils sont attirés par le suif, le millet blanc, les arachides, et un peu moins par le tournesol rayé. Beaucoup de gens n'aiment pas avoir des étourneaux à leurs mangeoires car ils sont agressifs et semblent effrayer les autres espèces. L'installation de mangeoires à divers endroits autour de votre terrain peut éventuellement minimiser ce problème.

Un immigrant bien installé

La majorité de nos oiseaux de mangeoires sont indigènes, mais quelques-uns, dont l'Étourneau sansonnet, ont été introduits d'autres parties du monde par des humains. Soixante couples, relâchés à Central Park dans la ville de New York en 1890, commencèrent la même année à se reproduire dans les lézardes des édifices. L'année suivante, quarante autres couples furent relâchés dans la même région. Quelque cinquante ans plus tard, les étourneaux s'étaient répandus presque partout aux États-Unis et dans le sud du Canada. C'est là un exemple remarquable qui démontre bien l'impact qu'une simple intervention humaine peut avoir sur la nature.

Comportement de l'étourneau

Son comportement est fascinant, surtout au printemps lorsque le mâle, perché sur une branche, passe la majeure partie de la journée à défendre son nid.

Quand un autre mâle s'approche, le propriétaire du nid peut exhiber quelques parades comme, glousser et glouglouter la tête haute et les plumes de la gorge ébouriffées, gonfler ses plumes ou encore frotter son bec de l'avant vers l'arrière sur une branche.

Étourneau sansonnet, en plumage d'automne et d'hiver. Oiseau noir de taille moyenne à bec foncé et marques noires sur la poitrine.

Carte de répartition de l'Étourneau sansonnet

À l'approche d'une femelle, le mâle fera une parade consistant en des mouvements rotatifs avec ses ailes, comme s'il ramait, et criera bruyamment, sans doute dans l'intention d'attirer une femelle vers son nid.

Exemple de carnet d'observation

5 mai, 10 h. De jeunes étourneaux se nourrissent en groupe dans l'herbe courte d'un coin de notre terrain. Nous savons que ce sont des jeunes par leurs cris et leur plumage brunâtre. On a peine à croire que les adultes ont déjà élevé une couvée alors que plusieurs autres espèces ne sont pas encore arrivées.

5 juin 8 h. Des étourneaux inspectent les nichoirs installés dans notre champ. La colonie d'hirondelles qui utilise ces nichoirs est furieuse et tourne autour des étourneaux. Heureusement, l'ouverture des nichoirs n'est que de 3,8 cm, donc trop petite pour laisser passer un étourneau. Après une demi-heure d'essais, les étourneaux ont abandonné.

LA MÉSANGE BICOLORE

Parus bicolor

Une mésange huppée

La Mésange bicolore est inusitée au Québec mais là où elle réside, elle est l'un des oiseaux les plus animés des mangeoires. Cette espèce de mésange a sur la tête de longues plumes ou huppe qu'elle peut soulever ou abaisser selon son humeur. Lorsque la huppe est soulevée, l'oiseau peut être plus agressif, et quand elle est abaissée, il est plus calme ou a peur.

Qu'elles soient huppées ou non, les mésanges font partie de la famille des Paridés et cette parenté est évidente quand on compare leurs divers comportements. Elles ont les mêmes habitudes de reproduction et de nidification; elles émettent les mêmes cris, et aux mangeoires, elles ont tendance à prendre une graine, à s'envoler pour aller la manger ailleurs, pour revenir ensuite en prendre une autre.

Les habitudes sociales en hiver

Toutes les espèces d'oiseaux ont des habitudes sociales en hiver. Quelques oiseaux demeurent seuls, d'autres en couples, certains se regroupent en volées itinérantes ou encore en volées qui restent ensemble dans des aires ouvertes. Généralement, les Mésanges bicolores entrent dans cette dernière catégorie. Elles passent l'hiver en cellules familiales de trois à six oiseaux dans un territoire de 6 à 8 hectares. Ces groupes semblent formés de parents et de jeunes. Cependant, les quelques recherches faites en hiver, concernaient seulement des oiseaux bagués, et des recherches subséquentes pourraient apporter des faits nouveaux sur les habitudes sociales hivernales des Mésanges bicolores.

Pendant tout l'hiver, de telles volées peuvent fréquenter les mangeoires. Quand un oiseau vient à une mangeoire, plusieurs autres sont donc tout près ou sur le point d'arriver. Parfois, plusieurs volées de Mésanges bicolores peuvent se présenter à la même mangeoire.

La saison de reproduction

Au sein des volées, le comportement des Mésanges bicolores change vers la fin de l'hiver. Elles se pourchassent et lancent beaucoup de cris d'avertissement. Ils annoncent le début de la saison de reproduction. Les volées se dispersent et les individus commencent à protéger leurs territoires. La plupart du temps, les oiseaux les plus jeunes sont forcés de partir et de trouver leurs propres aires de reproduction.

Les Mésanges bicolores mâles émettent des sons ressemblant à *pîîr, pîîr, pîîr* pour définir leur territoire vis-à-vis des autres mâles et signaler leur présence aux femelles. Quand deux mâles voisins chantent tôt dans la saison, ils peuvent se trouver à une frontière commune où ils se pourchasseront ou se battront à défaut de pouvoir définir leurs limites respectives.

Vient ensuite la manifestation la plus éloquente de la parade amoureuse; le mâle va chercher de la nourriture (peut-être bien à une mangeoire), vole vers la femelle et la lui place dans le bec. Celle-ci bat des ailes et émet un sifflement aigu continu semlable à *sîîî-sîîî-sîîî-sîîî*, un peu comme une bouilloire qui siffle. Ce son est si aigu qu'il est presque inaudible. Les battements d'ailes et les cris aigus sont aussi utilisés lors de rencontres hostiles entre mésanges mâles.

Chants et cris des Mésanges bicolores

Pîîr, pîîr ou *piteur, peteur* – Série de sifflements clairs et liés. C'est un chant surtout exécuté par les mâles depuis la fin de l'hiver jusqu'au début de l'été; par contre, il peut parfois être émis doucement par la femelle quand elle arrive près du nid avec de la nourriture. Si vous imitez ce cri, le mâle s'approchera pour faire sa petite enquête.

Tsîp – Son court et aigu émis par des partenaires ou par les membres d'une volée pour communiquer entre eux. Ceci les aide à garder un contact auditif, alors qu'ils se servent de leur yeux pour localiser la nourriture.

Djoué, djoué, djoué – Cri d'avertissement qu'ils lancent quand ils sont dérangés, même par votre présence près de la mangeoire.

Sîîî – Cri d'un registre très aigu, répété rapidement au moment où le mâle nourrit la femelle ou lors de rencontres agressives entre mâles.

Mésange bicolore. Petit oiseau gris huppé. Le mâle et la femelle se ressemblent.

Carte de répartition de la Mésange bicolore

La nidification et les jeunes

Dans leur aire de nidification, les Mésanges bicolores nichent dans des cavités d'arbres comme des nœuds ou dans des nids délaissés par des pics. À la fin de mai et au début de juin, les premiers oisillons volent avec leurs parents desquels ils se distinguent par l'absence d'une tache noire sur le front. Ils volent continuellement derrière leurs parents, et émettent le cri *sîîî, djouîî* alors qu'ils quémandent de la nourriture. Dès leur mue annuelle de fin d'été terminée, ils arborent une tache noire sur le front et sont identiques aux adultes.

Un oiseau rare?

Avant 1955, la Mésange bicolore était considérée comme un oiseau rare en Nouvelle-Angleterre et dans la plupart des états du nord des États-Unis. Dès que la présence de l'un de ces oiseaux était signalée, les gens pouvaient faire plusieurs kilomètres pour venir les voir. Depuis quelques années, cet oiseau est devenu beaucoup plus commun à partir du sud-est du Minnesota jusque dans le sud de l'Ontario et le sud de la Nouvelle-Angleterre. À l'instar du Cardinal rouge et du Moqueur polyglotte, la Mésange bicolore a étendu et continue à étendre son territoire plus au nord probablement grâce au nombre croissant de mangeoires qui lui permettent de survivre au cours de l'hiver.

Exemple de carnet d'observation

29 mars, 9 h. Des mésanges construisent leur nid dans le nichoir que nous avons placé dans le vieux thuya. De la fenêtre de la bibliothèque nous les voyons faire des voyages avec les matériaux du nid.
30 mars, 9 h 30. Nous avons vu une Mésange bicolore sautiller sur la couverture où couche notre chien au bas de l'escalier. Elle ramassait des poils de chien dans son bec et les emportait au nichoir, sans doute pour servir de garniture douce.
10 avril, 14 h. Installée sur le perchoir près de la mangeoire, une Mésange bicolore femelle bat des ailes en émettant son cri *sîîî.* Le mâle fait des va-et-vient entre la mangeoire de tournesol et la femelle pour la nourrir, ce qui indique que la cour amoureuse est bien commencée.

LE TOHI À FLANCS ROUX

Pipilo erythrophthalmus

Oiseau gazouilleur à œil rouge

Le nom scientifique du tohi, *Pipilo erythrophthalmus*, est un nom presque impossible à prononcer, mais intéressant à traduire. Il signifie «gazouilleur à œil rouge» et fait référence à l'œil rouge de l'oiseau et à son cri le plus fréquent, un son court décrit de différentes façons : *tchéouink!*, *tô-ouî* ou *djorîîî*. Le cri *tchéouink* est légèrement différent dans l'Ouest où il est plus coulant et ressemble davantage à un miaulement. Mais dans l'Est comme dans l'Ouest, les couples tohis semblent utiliser ce cri pour rester en contact alors qu'ils se déplacent dans les buissons touffus où ils nichent.

Le chant du tohi décrit comme *drî-kou-tiiiii* est interprété par le mâle seulement. La dernière partie de ce chant est un long trille *iiiii* et parfois, seule cette partie est chantée. On peut l'entendre toute l'année, mais surtout au printemps et en été quand le mâle délimite son territoire et tente d'attirer une femelle.

Comme les tohis vivent souvent dans des arbustes et des buissons touffus et sont peu visibles, leur chant et cri *tchéouink* peut être le seul indice annonciateur de leur présence dans votre secteur.

Les tohis aux mangeoires

Le Tohi à flancs roux se nourrit presque exclusivement au sol. Ses habitudes alimentaires ressemblent à celles du Bruant à gorge blanche dans leur façon de sautiller en avant puis sauter rapidement en arrière, en traînant les pattes. Ce mouvement déplace les feuilles et débris au sol et découvre les insectes et les graines qui se trouvent en dessous. Le tohi se nourrit ensuite aux endroits ainsi découverts. À une mangeoire plate-forme, le tohi gratte ainsi, même si les graines sont visibles, avec comme résultat de disperser toutes les graines hors de la plate-forme.

Ils se nourrissent surtout de graines et de baies, mais au printemps et en été, la moitié de leur menu est composée d'insectes qu'ils trouvent au sol. Ils préfèrent les mangeoires au sol et ceci, seulement s'il y a des buissons et d'autres couverts végétaux aux alentours. Ils sont généralement timides aux mangeoires et se cachent à la moindre alerte.

Des nicheurs discrets

Si vous entendez des tohis dans votre jardin au printemps et en été, il est tout probable qu'ils y nichent. Les mâles arrivent les premiers, chantent et défendent un territoire de 0,6 à 0,8 hectares. Deux changements dans leur comportement vous avertiront de l'arrivée d'une femelle et de son accouplement avec le mâle. Le mâle arrêtera de chanter et le couple s'échangera le cri *tchéouink*.

La femelle construit seule le nid qu'elle aménage habituellement au sol, sous les branches d'un arbre ou d'un arbuste. Le nid est difficile à localiser car la femelle s'y rend rarement directement. Elle se pose plutôt sur un perchoir avoisinant et, dissimulée par les buissons, elle se déplace au sol jusqu'à son nid.

Tohi à flancs roux, mâle.
Oiseau de taille moyenne dont la tête, les ailes, le dos et la queue sont noirs et dont les flancs sont roux.

Tohi à flancs roux, femelle. Oiseau de taille moyenne dont la tête, les ailes, le dos et la queue sont bruns et les flancs, roux.

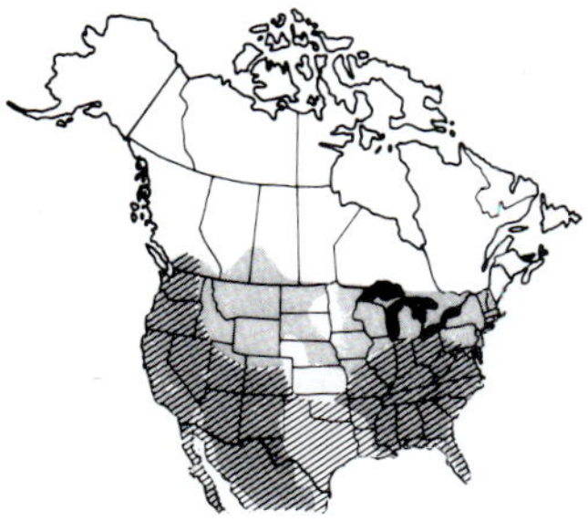

Carte de répartition du Tohi à flancs roux

Les parents tohis emmènent parfois leurs oisillons près d'une mangeoire et avec un peu de chance, vous pourriez avoir le privilège d'observer toute la famille.

Comportement de la volée

Les tohis se regroupent souvent en volées instables pouvant comprendre jusqu'à vingt-cinq oiseaux dans leurs aires d'hivernage couvrant entre 8 et 12 hectares. Des volées d'autres espèces, entre autres les Cardinals rouges, viennent parfois les rejoindre.

La migration printanière se fait en petits groupes. Quelques jours après leur arrivée aux sites de reproduction, les mâles partent en quête de leurs propres territoires. Après la saison de nidification, à la fin de l'été, les jeunes peuvent aussi se joindre à de petites volées avant la migration.

Mâle/Femelle – Ouest/Est

L'apparence du Tohi à œil rouge varie selon la région où il vit. La race de l'Est a la tête et le dos foncés, les flancs roux, le ventre blanc et l'œil rouge. La race de l'Ouest est semblable, à l'exception de taches blanches sur ses ailes et son dos sombres. La race du Sud-Est a l'œil blanc plutôt que rouge. Il n'y pas si longtemps, la race de l'Ouest était considérée comme une espèce à part. On sait maintenant que les races de l'Est et de l'Ouest s'accouplent entre elles et sont reconnues comme une seule espèce.

La différence entre les mâles et les femelles varie de l'Est à l'Ouest. Elles sont plus prononcées dans l'Est, où la tête, le dos, les ailes et la queue de la femelle sont d'un brun riche, alors qu'ils sont noirs chez le mâle. Le plumage de la femelle de l'Ouest est brun noir ou gris-noir et ressemble plus au noir de jais du mâle.

Exemple de carnet d'observation

7 avril, 9 h 30. Un tohi mâle chante son *drî-koutiiiii* dans nos bois. Il doit être arrivé avec le front météorologique d'hier soir car il semble y avoir plusieurs autres nouveaux oiseaux dans le jardin. Pendant plusieurs années, nous avions un mâle qui venait chanter pendant quelques jours, puis s'en allait. Celui-ci restera peut-être.
29 avril, 10 h. Un couple de tohis construit son nid à l'orée de nos bois. Nous avons vu la femelle transporter des feuilles dans son bec, mais n'avons pu localiser le nid. Nous comptons suivre les activités du couple pendant leur cycle de reproduction.

LES PICS

Le pic mineur / *Picoides pubescens*
Le pic chevelu / *Picoides villosus*
Le pic à ventre roux / *Melanerpes carolinus*

Les pics aux mangeoires

Des quelque vingt-deux espèces de pics vivant en Amérique du Nord, nous en avons sept espèces au Québec et quelques-unes seulement se nourrissent régulièrement aux mangeoires. Le Pic chevelu et particulièrement le Pic mineur fréquentent les mangeoires de suif. Le Pic à ventre roux vit dans la moitié est des États-Unis; il est audacieux, se plaît dans les banlieues et visite volontiers les mangeoires.

Comment différencier les trois espèces ?

Leurs noms ne donnent pas d'indices sur la façon de distinguer ces trois espèces. Le Pic mineur et le Pic chevelu sont presque identiques, mais ils n'ont l'air ni mineur, ni chevelu. Il y a toutefois plusieurs façons de les différencier; tout d'abord, leur taille. Le Pic mineur est le plus petit, avec ses 17 cm, alors que le Pic chevelu mesure quelque 24 cm de longueur. Il est cependant difficile d'évaluer la taille d'un oiseau sans avoir de point de comparaison.

Un bon moyen de les distinguer est d'observer la grosseur du bec par rapport à la tête. Le Pic mineur a un bec court qui fait moins de la moitié de la hauteur de sa tête, alors que le Pic chevelu a un long bec représentant plus de la moitié de la hauteur de sa tête.

Une autre différence plus subtile mais apparente quand l'oiseau est près de votre mangeoire sont les marques sombres sur les plumes rectrices externes caudales blanches du Pic mineur, alors que celles du Pic chevelu sont toutes blanches.

Le nom du Pic à ventre roux est encore moins justifié que les deux autres noms, car ce pic n' a du roux que sur la tête. Il a une allure très différente des deux autres, son dos est plus pâle et il n'a pas de marques noires et blanches sur la tête.

Comment distinguer les mâles des femelles

Chez le Pic mineur comme chez le Pic chevelu, il est relativement facile de différencier les sexes. Le mâle a une tache rouge à l'arrière de la tête; la femelle n'a pas de rouge sur la tête. Pour établir sa dominance sur un autre mâle, un mâle peut soulever les plumes à l'arrière de sa tête, et ainsi découvrir sa tache rouge.

Les Pics à ventre roux mâle et femelle ont des quantités variables de rouge sur la tête. Le rouge de la femelle est limité à l'arrière de sa tête, alors que le mâle a du rouge à partir de l'arrière de sa tête jusqu'à la base de son bec.

Comment reconnaître les individus

Chez les oiseaux, les individus d'une même espèce et du même sexe se ressemblent généralement beaucoup, mais chez les Pics mineurs et chevelus, il est possible de reconnaître chacun des oiseaux. Par exemple, les marques noires et blanches à l'arrière de la tête de la femelle et les marques rouges, noires et blanches à l'arrière de la tête du mâle diffèrent d'un individu à l'autre. Avec les esquisses du motif de l'arrière de la tête des pics que nous faisons dans un petit carnet de notes, nous pouvons savoir combien de Pics mineurs et de Pics chevelus mâles et femelles fréquentent nos mangeoires.

Combien y a-t-il de pics dans votre entourage?

La plupart des pics ne migrent pas et passent l'année dans une même région. Ils vivent en couple toute l'année, mais passent moins de temps ensemble en hiver. Si votre mangeoire est au milieu du territoire d'un Pic mineur ou d'un Pic chevelu, vous n'aurez probablement qu'un seul couple des deux espèces à votre mangeoire. Vous pouvez cependant être au bord d'un ou deux territoires et ainsi avoir la visite de deux ou plus rarement de trois couples. Si vous pouvez identifier les individus par les marques de leur tête, vous saurez combien de couples fréquentent vos mangeoires.

Les Pics mineurs et chevelus vivent en harmonie dans le même secteur, nichant parfois dans le même

Pic mineur mâle. Petit oiseau ayant le dos et le ventre blancs et des taches noires et blanches sur les ailes et la tête. Le mâle arbore une tache rouge à l'arrière de la tête. Le Pic chevelu mâle lui ressemble beaucoup, mais a le bec plus long et le corps plus gros.

Carte de répartition du Pic mineur

arbre, mais pendant la saison de reproduction, ils ne tolèrent la présence d'aucun autre oiseau de leur propre espèce et les chassent de leur territoire.

Il arrive que les Pics à ventre roux migrent au sud de leur aire de reproduction, surtout lorsque celui-ci est situé à la limite nord de leur territoire. Ce phénomène peut inciter un plus grand nombre de Pics à ventre roux à aller plus au Sud l'hiver.

Frappement et tambourinage

Les pics produisent deux sons différents avec leur bec. Le premier est un frappement doux et irrégulier; le second est un tambourinage rapide et bruyant exécuté en séquences d'une à deux secondes.

Le *frappement* irrégulier est le son émis par le bec du pic lorsqu'il est en quête de nourriture ou creuse son nid. Le bois est alors enlevé. Ce son est peu bruyant et rarement audible. Le *tambourinage* rapide et bruyant des pics mâle et femelle est exécuté sur des surfaces résonantes. À l'instar du chant chez d'autres oiseaux, ce signal annonce la présence de l'oiseau sur son territoire à sa partenaire ou à ses rivaux. Lors du tembourinage, l'oiseau ne creuse pas et n'enlève donc pas de bois. Il choisit n'importe quel objet résonant, qui peut même être une partie de votre maison, comme la gouttière.

Qu'un pic *tambourine* sur votre maison ne signifie pas qu'il y cherche des insectes ou qu'il endommagera votre propriété. Ce tambourinage ne se fait entendre que pendant la saison de reproduction, soit de la fin de l'hiver jusqu'au milieu de l'été.

Si un pic donne *des coups de bec* sur votre maison et enlève du bois, il est tout probable qu'il y a des insectes à cet endroit. Si vous vous débarrassez de ces insectes, les pics arrêteront. Les coups de bec, contrairement au tambourinage, peuvent survenir pendant toute l'année.

Les pics aux mangeoires

Les pics sont attirés par les mangeoires de suif, mais ils fréquentent aussi celles de graines de tournesol, surtout si elles sont écalées. Les Pics mineurs semblent plus hardis que les Pics chevelus et viennent plus volontiers aux mangeoires près de notre maison.

Dans la nature, les pics mangent surtout des insectes comme les fourmis et les larves d'insectes foreurs de bois, qu'ils découvrent en picorant le bois et l'écorce des arbres. Les Pics mineurs et chevelus cohabitent pacifiquement probablement parce que leur différence de taille leur permet de s'alimenter à des sources alimentaires différentes. Avec son petit bec, le Pic mineur mange de petits insectes qu'il trouve sous l'écorce, et il laisse peu de traces de son passage. Le Pic chevelu a un bec plus gros; il creuse plus profondément dans le bois et capture d'autres sortes d'insectes; il y a toujours des copeaux enlevés du bois où il s'est nourri.

Pic chevelu femelle (à gauche) **et Pic mineur femelle** (à droite). Les femelles ressemblent aux mâles mais n'ont pas de tache rouge à l'arrière de la tête.

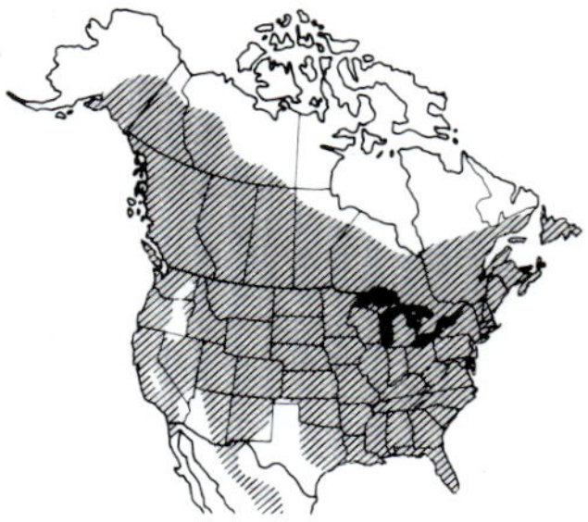

Carte de répartition du Pic chevelu

Le Pic à ventre roux peut sans doute s'accommoder de la présence des Pics mineurs et chevelus en raison de ses habitudes alimentaires légèrement différentes des deux autres espèces. Il se nourrit d'insectes au sol et mange beaucoup de fruits. Il est reconnu pour se régaler des oranges du Sud. Il lui arrive parfois de boire dans les trous des Pics maculés et se fait des réserves de nourriture comme des noix ou des insectes dans les trous d'écorces ou autres fissures.

L'art de construire son nichoir

Les pics sont parmi les quelques espèces d'oiseaux capables de fabriquer leurs propres nids. La plupart des autres oiseaux nicheurs utilisent des nids délaissés par les pics. Ayant un bec court, le Pic mineur choisit toujours du bois mort facile à creuser; avec son bec plus gros et plus puissant, le Pic chevelu creuse généralement son nid dans du bois vivant. Quant au Pic à ventre roux il se sert autant de bois mort que de bois vivant.

Il est possible de reconnaître les nids des trois espèces de pics par la grandeur de l'ouverture : environ 3,2 cm pour le Pic mineur; de 4,4 cm à 6.9 cm pour le Pic à ventre roux; ouverture de nid ovale d'environ 5 cm de largeur et 6,6 cm de hauteur pour le Pic chevelu.

Si vous souhaitez que des Pics mineurs viennent nicher dans votre jardin, laissez beaucoup de branches mortes dans vos arbres; autrement, ils n'auront aucun endroit où creuser. De plus, le bois mort permet à toutes les espèces de se nourrir d'insectes. Les cavités creusées pendant la saison de nidification peuvent aussi servir de dortoirs pendant l'hiver. Au cours de l'année suivante, d'autres espèces d'oiseaux comme les mésanges ou les sittelles s'en serviront pour nicher.

Pic à ventre roux, mâle.
Oiseau de taille moyenne ayant le bas du corps grisâtre, ainsi que des barres noires et blanches sur le dos. Le mâle a une calotte rouge partant de l'arrière de la tête jusqu'à la base de son bec. La femelle n'a du rouge que sur l'arrière de la tête (voir page 27).

Carte de répartition du Pic à ventre roux

Exemple de carnet d'observation

2 février, 11 h 30. Deux Pics mineurs sont à la mangeoire suspendue et mangent des graines de tournesol décortiquées. Ils semblent mutuellement irrités de leur présence. Ils émettent des cris ressemblant à *kouîîk-kouîîk*, en se pourchassant autour du tronc de l'arbre, et à un certain moment l'un d'eux se suspend la tête à l'envers sous la mangeoire, adoptant une position menaçante, les ailes en forme de V et la queue complètement déployée. C'est une parade spectaculaire.
12 août, 13 h. Un Pic mineur adulte et un juvénile viennent d'arriver à la mangeoire à suif. Les adultes ont leurs plumes toutes usées; ils sont peut-être déjà en train de muer. Les plumes s'usent sans doute beaucoup à force d'entrer et sortir du nid pour s'occuper des oisillons. De son côté, le plumage du jeune oiseau est parfait, sa poitrine est blanche et son dos a des marques voyantes – un signe de jeunesse !

RESSOURCES

Vous trouverez dans cette section une liste des documents que nous croyons les plus susceptibles d'enrichir vos connaissances dans l'observation, l'identification et la compréhension des oiseaux.

Ouvrages sur l'alimentation des oiseaux

DAVID, NORMAND, DUQUETTE, GAÉTAN, *Comment nourrir les oiseaux autour de chez soi,* Québec, Québec Science Éditeur, 1983, 72 pages.

DION, ANDRÉ, *Nourrir les oiseaux toute l'année,* Montréal, Éditions de l'Homme, 1989, 142 pages.

LANE, PETER, *L'alimentation des oiseaux du Québec et de l'Est du Canada,* L'Acadie, Éditions Broquet, 1993, 186 pages.

Guides d'identification

NATIONAL GEOGRAPHIC SOCIETY, *Guide d'identification des oiseaux de l'Amérique du Nord,* L'Acadie, Éditions Broquet, 1988, 472 pages.

PETERSON, ROGER *T.,Les oiseaux de l'est de l'Amérique du Nord,* L'Acadie, Éditions Broquet, 1994, 388 pages.

ROBBINS, CHANDLER S., *Guide des oiseaux de l'Amérique du Nord,* L'Acadie, Éditions Broquet, 1994, 368 pages.

Ouvrages de référence

ALEXANDRE, JEAN-FRANÇOIS, LESAFFRE, GUILHEM, *Regardez vivre les oiseaux,* Neuchâtel, Delachaux et Niestlé, 1988, 318 pages.

BROOKE, MICHAEL, BIRKHEAD, TIM, *The Cambridge encyclopedia of ornithology,* Cambridge, Cambridge University Press, 1991, 362 pages.

CASSIDY, JAMES, *Guide illustré des oiseaux d'Amérique du Nord,* Montréal, Sélection du Reader's Digest, 1992, 576 pages.

GODFREY, W. EARL, Les oiseaux du Canada, L'Acadie, Éditions Broquet, 1989, 650 pages.

PERRINS, CHRISTOPHER M., MIDDLETON, ALEX L.A., *The encyclopedia of birds,* New York, Facts on File, 1993, 463 pages.

STOKES, DONALD W., STOKES, LILLIAN Q., *Nos oiseaux, tous les secrets de leur comportement,* Volume I, Montréal, Les Éditions de l'Homme, 1990, 360 pages.

STOKES, DONALD W., STOKES, LILLIAN Q., *Nos oiseaux, tous les secrets de leur comportement,* Volume 2, Montréal, Les Éditions de l'Homme, 1990, 368 pages.

STOKES, DONALD W., STOKES, LILLIAN Q., *Nos oiseaux, tous les secrets de leur comportement,* Volume 3, Montréal, Les Éditions de l'Homme, 1990, 418 pages.

TERRES, JOHN K., *The Audubon Society encyclopedia of North American birds,* Avenel, Wings Books, 1991, 1109 pages.

Boutiques spécialisées

Ces boutiques spécialisées vous offrent un choix varié de nichoirs, mangeoires et accessoires pour l'ornithologie.

LE NATURALISTE INC.
1990, Bd Charest Ouest, Suite 106
Québec, Qc - G1N 4K8
Téléphone: (418) 527-1414
Télécopieur: (418) 527-1970

LIRE LA NATURE INC.
1699, Chemin de Chambly
Longueuil, Qc - J4J 3X7
Téléphone: (514) 463-5072
Télécopieur: (514) 463-3409

NATURE EXPERT INC.
7950, rue de Marseille
Montréal, Qc - H1L 1N7
Téléphone: (514) 351-5496
Télécopieur: (514) 351-6134

PRO-NATURA INC.
104, rue Main
Shediac, N.B. - E0A 3G0
Téléphone: (506) 532-4878

Clubs d'ornithologie

Société d'ornithologie de l'Abitibi. Case postale 91, Rouyn-Noranda, Qc, J9X 5C1

Société d'ornithologie du Témiscamingue. Case postale 137, Latulipe, Qc, J0Z 2N0

Club des ornithologues de l'Outaouais. Case postale 419, Succursale A, Hull, Qc, J8Y 6P2

Club ornithologique des Hautes-Laurentides. Case postale 291, Saint-Jovite, Qc J0T 2H0

Société d'ornithologie de Lanaudière. Case postale 339, Joliette, Qc, J6E 3Z6

Club d'ornithologie de la région des Moulins. Case postale 239, Terrebonne, Qc, J6W 3L5

Club d'observateurs d'oiseaux de Laval. 3235, Bd Saint-Martin Est, bureau 215. Laval, Qc, H7E 5G8

Club d'ornithologie d'Ahuntsic. Case postale 35045, 1221, Fleury Est, Montréal, Qc, H2C 3K4

Société de biologie de Montréal. Case postale 39, Succursale Outremont, Outremont, Qc, H2V 4M6

Société québécoise de protection des oiseaux. Case postale 43, Succursale B, Montréal, Qc, H3B 3J5

Société d'observation de la faune ailée du Sud-Ouest. Case postale 277, Saint-Thimotée, Qc, J0S 1X0

Club des ornithologues de Châteauguay. 15, Bd Maple, Châteauguay, Qc, J6J 3P7

Club d'ornithologie de Longueuil, Case postale 21099, comptoir Jacques-Cartier, Longueuil, Qc, J4J 5J4

Club du loisir ornithologique maskoutain. 2070, Saint-Charles, Saint-Hyacinthe, Qc, J2T 1V2

Club d'ornithologie Sorel-Tracy. Case postale 1111, Sorel, Qc, J3P 7L4

Société ornithologique du centre du Québec. 960, Saint-Georges, Drummondville, Qc, J2C 6A2

Société du loisir ornithologique de l'Estrie. Case postale 1263, Sherbrooke, Qc, J1M 5L7

Club d'observateurs d'oiseaux de la Haute-Yamaska. Case postale 813, Granby, Qc, J2G 8W8

Club des ornithologues de Brome-Missisquoi. Case postale 256, Cowansville, Qc, J2K 3S7

Club des ornithologues des Bois-Francs. 21, rue Roger, Victoriaville, Qc, G6P 2A8

Club d'ornithologie de Trois-Rivières. Case postale 953, Trois-Rivières, Qc, G9A 5K2

Club ornithologique de la Mauricie. Case postale 21, Grand-Mère, Qc, G9T 5K7

Club des ornithologues de Québec. Domaine de Maizerets, 2000, Bd Montmorency, Qc, G1J 5E7

Club des ornithologues amateurs du Saguenay-Lac Saint-Jean. Case postale 1265, Jonquière, Qc, G7S 4K8

Club d'ornithologie de la Manicouagan. Case postale 2513, Baie-Comeau, Qc, G5C 2T2

Club des ornithologues du Bas Saint-Laurent. Case postale 118, Pointe-au-Père, Qc, G5M 1R1

Club des ornithologues de la Gaspésie. Case postale 334, Pabos, Qc, G0C 2H0

Club d'ornithologie des Îles de la Madeleine. Case postale 1239, Cap-aux-Meules, Qc, G0B 1B0

VOTRE EXEMPLE DE CARNET D'OBSERVATION

Cette section vous permettra d'améliorer vos connaissances sur les oiseaux qui fréquentent les mangeoires. Nous voyons tant de choses passionnantes à nos mangeoires qu'il est difficile de se souvenir de tout ou de comparer un événement à un autre qui l'a précédé. Nous conservons donc en tout temps un crayon et un exemple de carnet de notes près de nos mangeoires. Ceci nous permet de noter ce qui nous semble intéressant. Lorsqu'il s'agit de parades, nous tentons de faire une esquisse pour les reproduire.

La lecture de nos notes et de nos dessins est extrêmement enrichissante et nous permet de nous souvenir de toutes nos expériences d'observateurs d'oiseaux. Nous vous encourageons à tenir votre propre exemple de carnet d'observation des mangeoires.

Pourquoi conserver des notes?

En plus d'être amusant et de constituer un aide-mémoire, ces notes comportent d'autres avantages importants. D'abord, vous devrez vous concentrer davantage sur ce que vous voyez et en tirer des réflexions. Lorsque vous décidez de prendre des notes, vous devez vous demander : «Que s'est-il réellement passé?»

Comme il reste beaucoup de choses à apprendre sur la vie des oiseaux, il est intéressant de prendre des notes sur leur comportement. Dans plusieurs des sections individuelles sur les oiseaux, nous avons souligné des comportements qui nous sont peu compréhensibles. À vrai dire, il est étonnant de voir à quel point nos connaissances sont limitées sur les phénomènes naturels auxquels nous assistons chaque jour. Vous pourriez voir quelque chose d'inusité, et en prenant note de cet événement, contribuer à la connaissance scientifique.

Que devrions-nous noter?

La meilleure réponse que nous puissions vous donner est la suivante : tout ce qui capte votre attention et vous intéresse. Vous pouvez avoir envie d'observer les habitudes alimentaires, le comportement au bain, les relations sociales, le comportement reproducteur, la période migratoire ou tout autre partie de la vie d'un oiseau pouvant se dérouler à vos mangeoires ou sur votre terrain.

Comment prendre des notes

Vous trouverez dans les pages suivantes des espaces prévus pour la date, l'heure et le nom des oiseaux. Ce sont les premières choses dont il faut prendre note. Sous la rubrique «Observation», écrivez quelques notes sur ce que vous avez vu. Gardez cet exemple de carnet ainsi qu'un crayon près de vos mangeoires, afin que vous puissiez rapidement observer un oiseau, apprendre quelque chose sur son comportement et prendre des notes.

Date________________ Heure________________ Espèce______________________________________

Observation

Date________________ Heure________________ Espèce________________________________

Observation

Date________________ Heure________________ Espèce________________________________

Observation

Date________________ Heure________________ Espèce________________________________

Observation

Date________________ Heure________________ Espèce________________________________

Observation

Date__________________ Heure__________________ Espèce____

Observation

Date__________________ Heure__________________ Espèce____

Observation

Date__________________ Heure__________________ Espèce____

Observation

Date__________________ Heure__________________ Espèce____

Observation

Date________________ Heure________________ Espèce______________________________________

Observation

Date________________ Heure________________ Espèce______________________________________

Observation

Date________________ Heure________________ Espèce______________________________________

Observation

Date________________ Heure________________ Espèce______________________________________

Observation

Date__________________ Heure__________________ Espèce____

Observation

Date__________________ Heure__________________ Espèce____

Observation

Date__________________ Heure__________________ Espèce____

Observation

Date__________________ Heure__________________ Espèce____

Observation

Imprimé à Hong Kong